# 生命进化史

## 从野性到文明 ③

王章俊 著

重庆出版集团 重庆出版社

**图书在版编目（CIP）数据**

生命进化史 . 3, 从野性到文明 / 王章俊著 . —
重庆 : 重庆出版社 , 2020. 5
ISBN 978-7-229-14423-4

Ⅰ. ①生… Ⅱ. ①王… Ⅲ. ①生物—进化—普及读物
②人类进化—普及读物 Ⅳ. ①Q11-49②Q981.1-49

中国版本图书馆CIP数据核字(2019)第205150号

**生命进化史3：从野性到文明**
SHENGMING JINHUA SHI 3：CONG YEXING DAO WENMING
王章俊　著

**策　　划：** 华章同人
**出版监制：** 徐宪江
**责任编辑：** 徐宪江　李　翔
**责任印制：** 杨　宁
**营销编辑：** 史青苗　刘晓艳
**装帧设计：** 今亮后声 HOPESOUND pankouyugu@163.com · 小九

重庆出版集团 重庆出版社 出版
（重庆市南岸区南滨路162号1幢）
投稿邮箱：bjhztr@vip.163.com
三河市嘉科万达彩色印刷有限公司　印刷
重庆出版集团图书发行有限公司　发行
邮购电话：010-85869375/76/78转810
重庆出版社天猫旗舰店 cqcbs.tmall.com 全国新华书店经销

开本：889mm×1194mm　1/16　印张：16.75　字数：248千
2020年5月第1版　2021年12月第3次印刷
定价：99.00元

如有印装质量问题，请致电023-61520678

# 第十二章 似哺乳类爬行动物时代

12.1 爬行动物的特征 006

爬行动物的特征
羊膜卵
盲肠和阑尾

12.2 似哺乳类爬行动物阶段 009

12.3 最原始的似哺乳类爬行动物——盘龙目 011

12.4 由盘龙目进化来的似哺乳类爬行动物——兽孔目 018

## ▶ 第四次生物大灭绝事件：开启了似哺乳类爬行动物多样化繁衍

脊椎动物颌骨的进化
脊椎动物听小骨的进化

12.5 少数存活下来的似哺乳类爬行动物——二齿兽类 028

12.6 长有双重军刀状牙齿的似哺乳类爬行动物——丽齿兽类与兽齿类 029

12.7 最接近哺乳动物的爬行动物——犬齿兽类 032

12.8 逃过两次大灭绝事件的似哺乳类爬行动物——三瘤齿兽科与三棱齿兽科 034

12.9 副爬行动物——无孔亚纲 036

## ▶ 第五次生物大灭绝事件：弱小的哺乳动物仍过着“寄人篱下”的生活

# 第十三章 哺乳动物时代

哺乳动物的特点

13.1 哺乳动物的演化 045

卵生哺乳类

有袋哺乳类

胎盘哺乳类

人类与其他哺乳动物在生儿育女上的差异性

13.2 最早和最原始的哺乳动物 052

摩尔根兽——最早的哺乳动物

侏罗纪—白垩纪哺乳动物

现代卵生哺乳动物——最原始的哺乳动物

最早发现的有胎盘的哺乳动物——攀援始祖兽

## ▶ 第六次生物大灭绝事件：拉开了哺乳动物大繁盛和灵长类进化的序幕

13.3 已经灭绝的哺乳动物 065

真枝角鹿

洞熊

中爪兽、鬣齿兽

雕齿兽、星尾兽

13.4 象的演化史 069

原始象

始祖象

恐象

古乳齿象

乳齿象

嵌齿象

铲齿象

剑棱象

剑齿象

非洲象

亚洲象

猛犸象

13.5 犀牛的演化史 081

尤因它兽

雷兽科

犀貘

跑犀
巨犀
两栖犀
副跑犀
大唇犀
披毛犀
板齿犀
现代犀牛

13.6 马的演化史 092

马的演化趋势
原蹄兽
始祖马
渐新马
中新马
草原古马
三趾马
上新马
真马
现代马

13.7 长颈鹿的演化史 100

拉马克进化论——以长颈鹿为例
达尔文进化论——以长颈鹿为例
古长颈鹿
现生长颈鹿

13.8 大熊猫的演化史 105

13.9 猫科动物的演化史 108

剑齿虎亚科
豹亚科
猫亚科

13.10 鲸、河马、猪的演化史 120

古偶蹄兽
印多霍斯兽
巴基斯坦古鲸
陆走鲸
库奇鲸
罗德侯鲸
龙王鲸
现生鲸类
石炭兽

河马
古巨猪
完齿兽
恐颌猪
始巨猪
野猪
库班猪

13.11 鳍足类的演化史 131

达氏海幼兽
海熊兽
海狮
海狗
海豹
海象
海牛

13.12 已经灭绝的其他动物 138

## 第十四章 人类时代——文明的曙光

14.1 关于人类起源 143

人类的摇篮
人类属于同一种族
人类进化过程的六座里程碑

14.2 早期灵长类阶段 152

更猴——最早的似灵长类
阿喀琉斯基猴——最古老的灵长类
中华曙猿——高等灵长类
甘利亚——似类人猿

14.3 古猿阶段（1300 万—260 万年前） 155

森林古猿
西瓦古猿与红毛猩猩
巨猿
乍得人猿与大猩猩
黑猩猩与地猿
南方古猿——最早的人类

14.4 人属阶段——旧石器文明的开启 175

能人
早期直立人——匠人
晚期直立人——海德堡人
早期智人——尼安德特人
晚期智人：新文明时代的来临
走出非洲与文明兴起

14.5 关于人类进化的几个问题 197

人类为什么褪去体毛
人类为什么有不同的肤色
为什么现在黑猩猩不能进化成人
地球上为什么找不到中间物种

## 第十五章 动物器官的演化

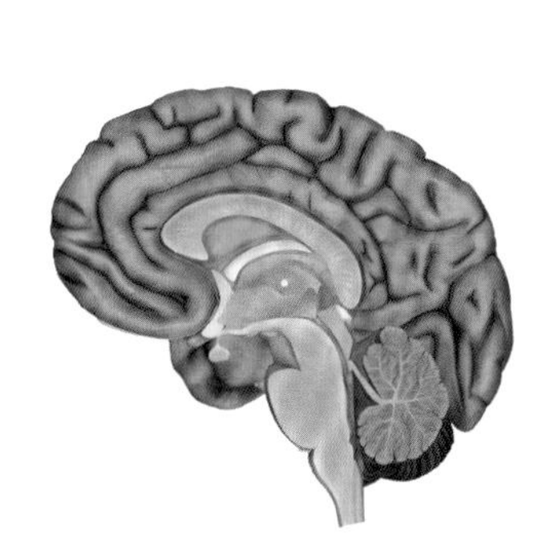

15.1 动物大脑的演化 206
15.2 动物由口到颌骨的演化 209
15.3 动物牙齿的演化 209
15.4 动物眼皮与睫毛的演化 211
15.5 动物“脖子”的演化 212
15.6 动物鼻孔的演化 213
15.7 动物肢体的演化 214
15.8 动物复眼的演化 216
15.9 动物眼睛的起源 217

最原始的眼睛
眼睛演化步骤

15.10 动物眼睛的特征演化 219

鱼的眼睛
两栖动物、爬行动物和哺乳动物的眼睛
灵长类与鸟类的眼睛

15.11 动物第三只眼睛的演化 221

松果体的奥秘

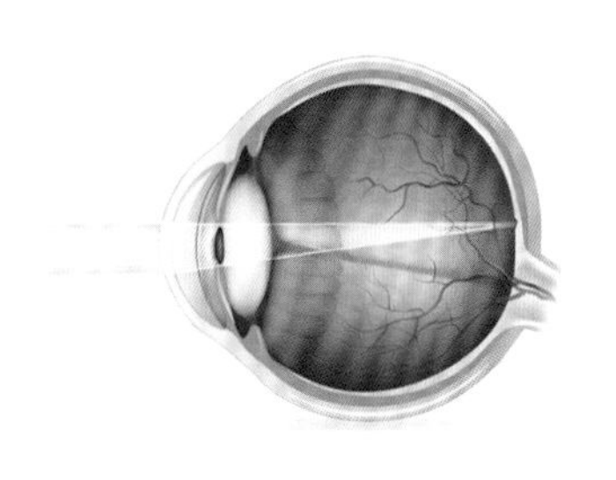

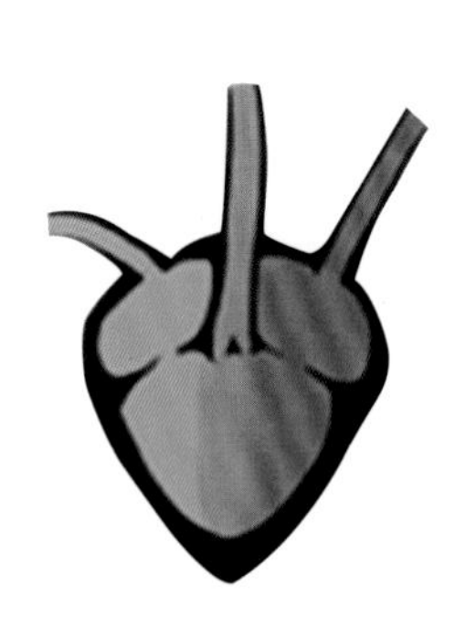

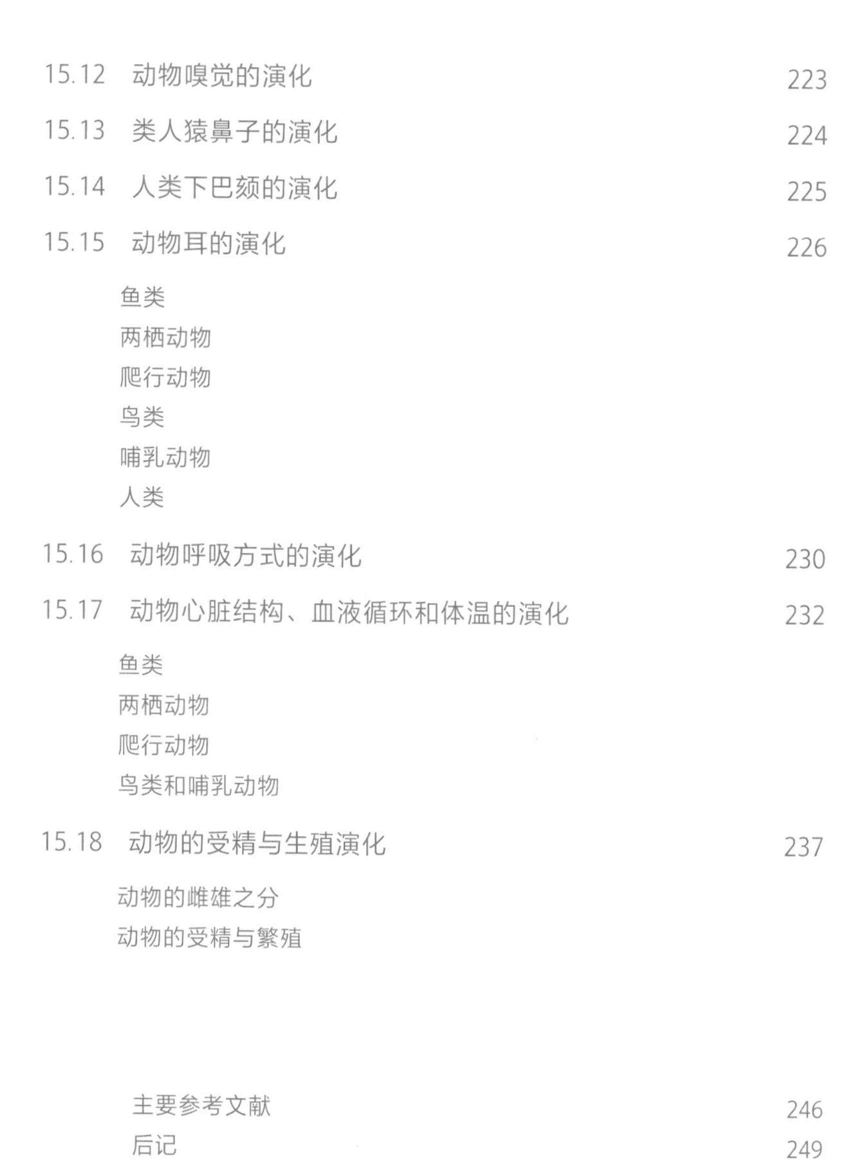


15.12 动物嗅觉的演化 223

15.13 类人猿鼻子的演化 224

15.14 人类下巴颏的演化 225

15.15 动物耳的演化 226

鱼类
两栖动物
爬行动物
鸟类
哺乳动物
人类

15.16 动物呼吸方式的演化 230

15.17 动物心脏结构、血液循环和体温的演化 232

鱼类
两栖动物
爬行动物
鸟类和哺乳动物

15.18 动物的受精与生殖演化 237

动物的雌雄之分
动物的受精与繁殖

主要参考文献 246

后记 249

第十二章

# 似哺乳类爬行动物时代

在两栖动物时代，石炭纪的森林角落里生活着一些行动敏捷的小型动物，它们是最早的爬行动物，有发现于加拿大的林蜥（3.15亿年前）、油页岩蜥（3.02亿年前）和始祖单弓兽（3.06亿年前）等。

大约在3.07亿年前，地球进入石炭纪晚期大冰期，地球气候变得寒冷干燥，茂密的蕨类热带雨林消失，只剩低矮的树蕨类，形成了一片片的灌木孤岛，这被称为“石炭纪雨林崩溃事件”。这一雨林崩溃事件使生活于石炭纪的大型节肢动物、两栖动物遭受重创。而新生的似哺乳类爬行动物，如始祖单弓兽、蛇齿龙等，凭其身体的优势（体形小巧，四肢灵活，肺功能完善，靠羊膜卵繁殖，洞穴生活等），已经适应了陆地的灌木丛生活，躲过了这次雨林崩溃事件幸存了下来，并在二叠纪里大显身手，呈爆发式多样化发展，成了陆地上的真正霸主。它们后来进化为哺乳动物，进而出现了灵长类，乃至人类。

生活在晚石炭世森林里的始祖单弓兽和蛇齿龙

**爬行动物**（似哺乳类爬行动物）

- 盘龙目·蛇齿龙科
  - 始祖单弓兽（3.06 亿年前）、蛇齿龙
  - 蜥代龙科
    - 蜥代龙
- 基龙科
  - 基龙（3.03 亿年前）
- 楔齿龙科
  - 楔齿龙、异齿龙（2.8 亿—2.65 亿年前）
- 兽孔目
  - 始巨鳄（2.55 亿年前）、巴莫鳄、冠鳄兽
- 真兽孔类
  - 巨型兽（2.5 亿年前）、合齿兽、中华猎兽、安蒂欧兽、伟鳄兽、貘头兽
- 新兽孔类
  - 异齿亚目
  - 苏美尼兽
  - 奔龙兽下目

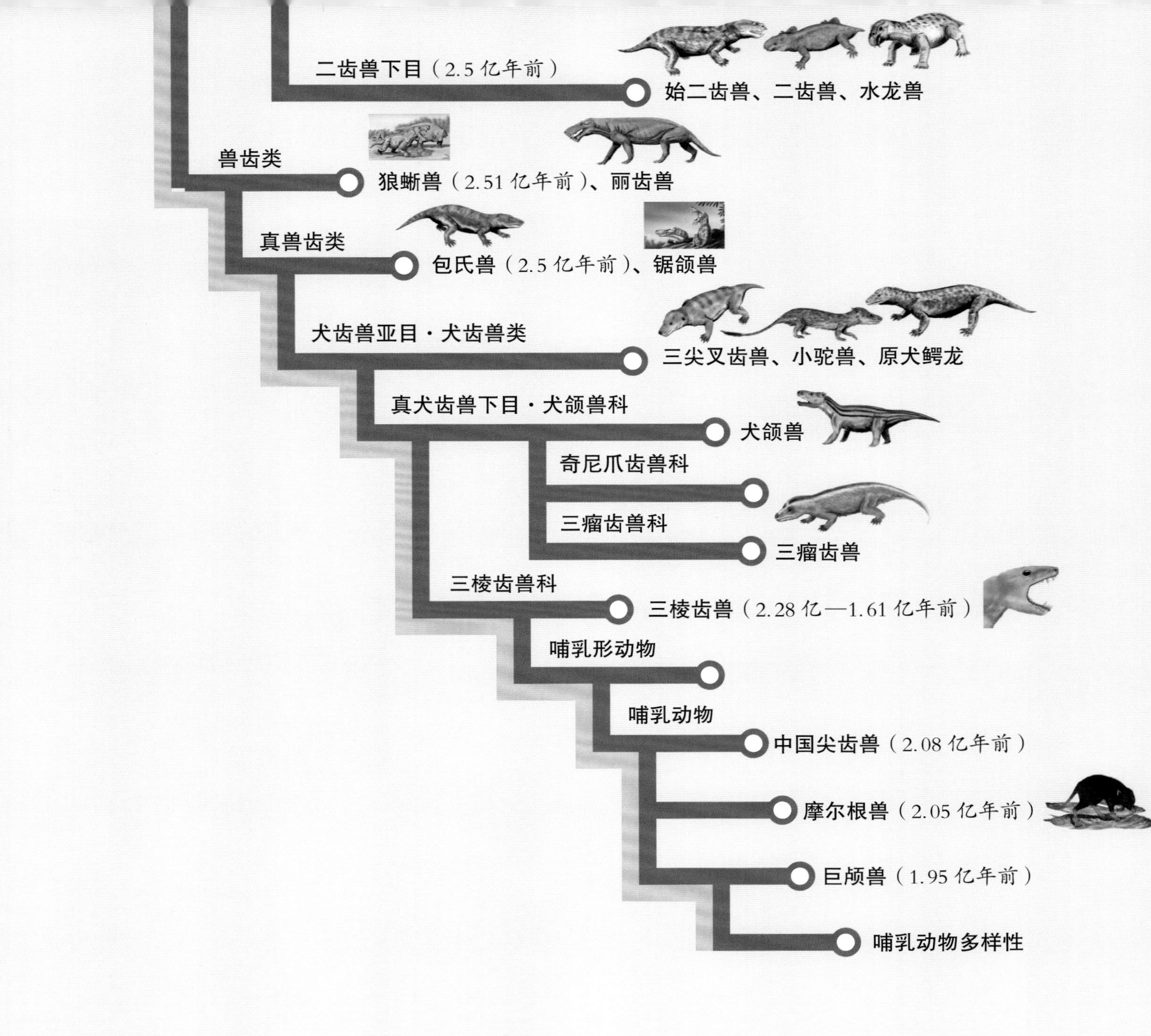
二齿兽下目（2.5 亿年前）
始二齿兽、二齿兽、水龙兽
兽齿类
狼蜥兽（2.51 亿年前）、丽齿兽
真兽齿类
包氏兽（2.5 亿年前）、锯颌兽
犬齿兽亚目 · 犬齿兽类
三尖叉齿兽、小驼兽、原犬鳄龙
真犬齿兽下目 · 犬颌兽科
犬颌兽
奇尼爪齿兽科
三瘤齿兽科
三瘤齿兽
三棱齿兽科
三棱齿兽（2.28 亿—1.61 亿年前）
哺乳形动物
哺乳动物
中国尖齿兽（2.08 亿年前）
摩尔根兽（2.05 亿年前）
巨颅兽（1.95 亿年前）
哺乳动物多样性

爬行动物颅骨示意图

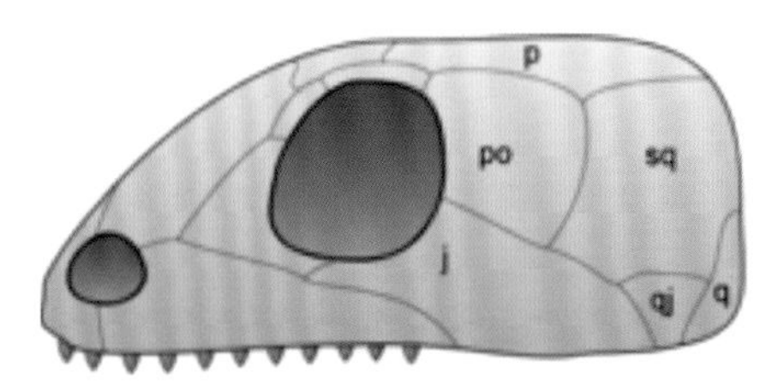


副爬行动物（无孔亚纲）

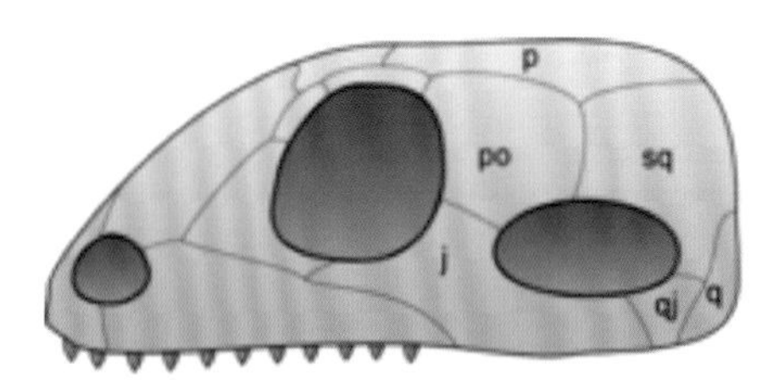


似哺乳类爬行动物（下孔亚纲）

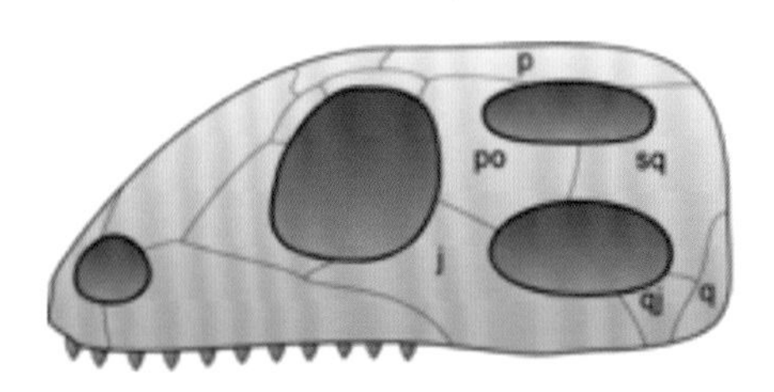


真爬行动物（双孔亚纲）

## 12.1 爬行动物的特征

爬行动物也称爬行类、爬虫类，是一类脊椎动物。最早期的爬行动物有始祖单弓兽、林蜥和古窗龙等，生活在石炭纪晚期，3.2 亿—3.06 亿年前。三种动物的化石发现于加拿大的新斯科舍省。爬行动物是由两栖动物演化来的。爬行动物有 3 个演化支。根据爬行动物眼眶后面的颅顶附加孔（学名颞颥孔）的数量，古生物学家将其分为 3 个亚纲：无孔亚纲、下孔亚纲和双孔亚纲。为便于理解，本书按似哺乳类爬行动物、真爬行动物和副爬行动物 3 大类进行介绍。现在世界上的爬行动物有 10000 多种。

中生代生态复原图，从左到右依次为三叠纪、侏罗纪、白垩纪

## 爬行动物的特征

（1）2个心房，2个心室，但2个心室之间有一半相互连通，属3.5缸型心脏。只有鳄鱼是例外，2个心室已完全独立，属4缸型心脏。

（2）血液循环包括体循环和肺循环，体循环是血液从左心室挤出，经过体动脉流到身体各部，再经体静脉流回右心房，这种循环称大循环；肺循环是血液从右心室挤出，经过肺动脉到肺，进行气体交换后，再经肺静脉流回左心房，这种循环又称小循环。由于爬行类心室分隔不完全（3.5缸型心脏，2个心房，1.5个心室），肺循环和体循环回心的血液在心室内会混合，造成有氧血液与无氧血液混合循环，所以为不完全双循环，故爬行动物为变温动物。

（3）爬行动物一般抱团体内受精，雄性通过其泄殖腔将精子直接射入雌性泄殖腔内。

（4）雌性可以将卵产在陆地上，生产具有外壳的羊膜卵，从此脊椎动物完全征服了陆地，我们常吃的鸡蛋就是羊膜卵。

（5）不具有孵卵行为；有冬眠习性；肺部发育完善，完全依靠肺呼吸；没有发育膈肌，采用胸式呼吸。

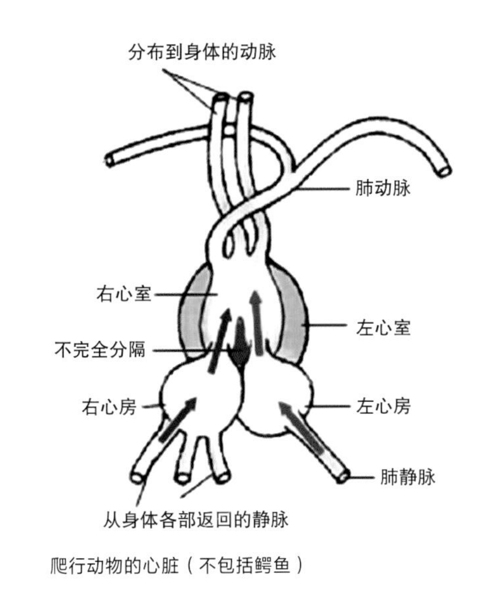


爬行动物的心脏（不包括鳄鱼）

体动脉
肺
肺动脉
肺静脉
身体
左心室 左心房
右心室 右心房
体静脉
心脏

爬行动物（心室呈半封闭）血液循环示意图

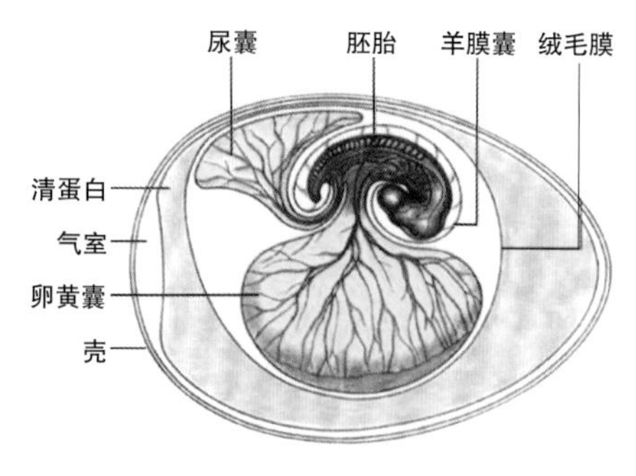

羊膜卵结构示意图

（6）主要在陆地生活的爬行动物，为了避免强烈的阳光暴晒和沙尘风暴的袭击，使体内水分免于蒸发和身体免于伤害，其体表发育了鳞片。

（7）既可以是肉食性，也可以是植食性，植食性爬行类发育了盲肠，用来消化植物纤维，肉食性爬行动物一般不发育盲肠。

（8）四肢变得强壮有力，完全适应了陆地生活，四肢长在身体两侧，只能匍匐前进，不能后退，运动速度不快。

（9）每个脚通常只有5个脚趾，前肢只用来爬行，不能协助捕获猎物。

（10）发育的听小骨，也只有1块骨头，不发育外耳，与哺乳动物相比，听力欠佳。

（11）似哺乳类爬行动物牙齿开始分化，如异齿龙具有两种不同类型的牙齿。

爬行动物的舌头有多种功能，甚至能像眼睛和鼻子那样确定猎物的方位和距离，识别味道，捕获猎物，但没有味蕾。

## 羊膜卵

脊椎动物进化的第四次巨大飞跃的标志是爬行动物进化出了羊膜卵。从此动物完全征服了陆地，适应了陆地生活。这一飞跃发生在3.2亿年前，一种代表性的动物是似哺乳爬行动物始祖单弓兽，另一种是真爬行动物林蜥。

进化出羊膜卵是脊椎动物一次巨大的基因突变。从此，爬行动物的繁衍生息无需返回水里，为爬行动物向陆地纵深发展创造了条件。

羊膜卵最外面是一个钙质的硬壳，内部由羊膜囊、尿囊和卵黄囊3部分组成，就像一个密封的育儿单元房。

羊膜囊是胎儿的卧室，卧室犹如一个羊水袋，胎儿就沉浸在羊水里。

尿囊就是卫生间，是胎儿排泄代谢物的地方，尿囊上布满毛细血管，供胎儿吸收氧气，排放二氧化碳。

卵黄囊好似厨房，为胎儿提供各种营养。后来哺乳动物在腹内子宫中孕育胎儿，子宫犹如一个育儿箱，就是在羊膜卵的基础上进化而来的。

### 盲肠和阑尾

两栖动物都是肉食性的，所以没有盲肠；爬行动物才开始有盲肠，它位于小肠与大肠的连接处，即大肠始端与小肠末端的连接部分。

哺乳动物大多数有盲肠，所以说哺乳动物是由爬行动物进化而来的，盲肠是用来消化植物纤维的。吃草的哺乳动物，特别是反刍动物，如马、牛、羊等哺乳动物盲肠发达，而肉食性哺乳动物，如虎、狮、狼的盲肠已经退化。人的盲肠已不再起作用。

在盲肠附近还有一个曾被认为“已没有作用”的器官是阑尾。这是个只有猿类和我们人类才具有的器官，其他哺乳动物甚至灵长类中的猴类都没有。阑尾是一个淋巴器官，其淋巴液回流方向与静脉血回流相一致。阑尾的淋巴组织在动物出生后就开始出现，12 ~ 20 岁达到高峰，以后逐渐减少，55 ~ 65 岁逐渐消失，因此成人切除阑尾无损于机体的免疫功能。

但人的阑尾并不像盲肠那样已经失去作用。阑尾有三大作用：一是能向肠道提供免疫细胞，起到保持肠内细菌平衡的作用；二是其含有大量的淋巴细胞，可有效防止肠炎发生；三是阑尾有助于益生菌存活，是益生菌的“庇护所”。所以，阑尾是一个十分重要的人体器官，我们要善待阑尾。

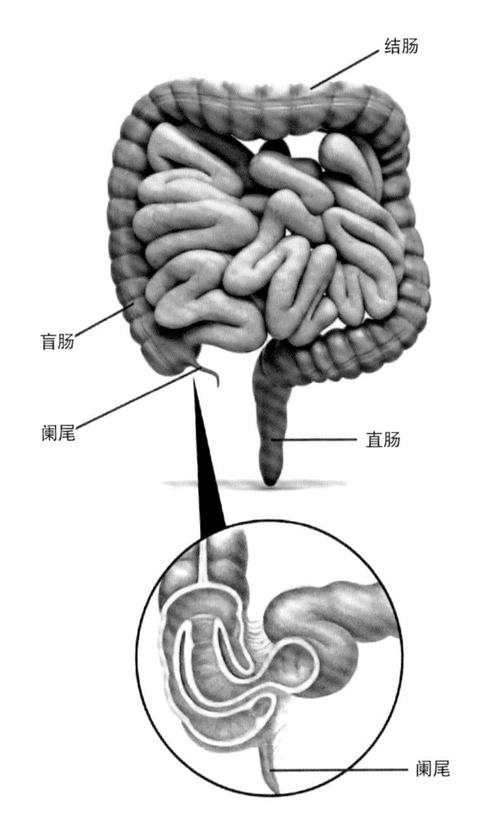

盲肠与阑尾

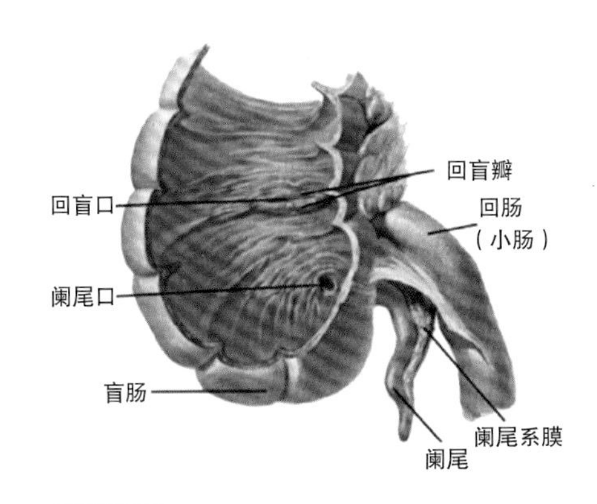

阑尾结构图

## 12.2 似哺乳类爬行动物阶段

爬行动物时代根据不同种类的兴盛与衰亡的时间可以分为：似哺乳类爬行动物时代和真爬行动物时代。从此，真爬行动物与似哺乳类爬行动物就开始走上了不同的进化之路。

在似哺乳类爬行动物时代，还生活着各式各样的副爬行动物类。由于似哺乳类爬行动物在生命进化过程中的重要意义，故称为似哺乳类爬行动物时代。

似哺乳类爬行动物眼眶后的颅顶附加孔（颞颥孔）只有一个颞颥孔，也被称为单孔亚纲，包括盘龙目、兽孔目爬行动物。最早的似哺乳类爬行动物，如始祖单弓兽出现在3.06亿年前的晚石炭世，兴盛于二叠纪中晚期，数量众多并呈多样化发展。2.51亿年前的生物大灭绝事件使许多似哺乳类爬行动物消失，少数物种，如犬齿兽类、二齿兽类等似哺乳类爬行动物幸存下来，并在三叠纪以后渐趋灭绝，只有个别物种延续到白垩纪。

从脊椎动物的演化特征来看，早期的似哺乳类爬行动物的四肢位于身体两侧，爬行前进，没有外耳和毛发，变温；后期的似哺乳类爬行动物，四肢垂直身体下方，四足直立行走，身体有毛，嘴部有胡须，长有明显的外耳，恒温，牙齿明显分化出门齿、犬齿和臼齿，已具备了哺乳动物许多特征。

哺乳动物是沿着似哺乳类爬行动物演化支进化来的，从最原始的盘龙目开始，经过约一亿年的演化，大致经过十多个演化阶段，从盘龙目的基龙科到楔齿龙科，进化出兽孔目；再从兽孔目的真兽孔类、新兽孔类、兽齿类、真兽齿类到犬齿兽亚目；犬齿兽亚目（最著名的是三尖叉齿兽）进化出真犬齿兽下目（著名的有犬颌兽），到三棱齿兽科，与哺乳动物仅差一步。似哺乳类爬行动物经过一次次基因突变，在自然选择作用下，适合生存繁衍的基因在千万代似哺乳类爬行动物中传递，然后进化出哺乳形动物，最后在2.05亿年前，演化出最早最原始的哺乳动物——摩尔根兽，从此哺乳动物登上了生命历史舞台，为6500万年前开始的哺乳动物时代奠定了基础。

由此看出，脊椎动物的进化是渐变与突变相辅相成，在自然选择的作用下，只有基因突变后，能够适应环境的生物，才能繁衍生存，传宗接代，成为基因的传递者，就是因为有了它们，才有了今天我们人类。

## 12.3

# 最原始的似哺乳类爬行动物
## ——盘龙目

盘龙目是似哺乳类爬行动物中最原始的种类，出现于晚石炭世，并且在二叠纪初期达到高峰，成为陆地上的优势动物，在地球上生活了大约400万年。最知名的盘龙目动物有始祖单弓兽、杯鼻龙、蛇齿龙、异齿龙、楔齿龙、基龙等。

盘龙目表皮缺乏鳞片。开始有肉食性与植食性之分；有的有明显的背帆，而肉食性的，如异特龙开始有了牙齿的分化。

盘龙目从蛇齿龙科（蛇齿龙、始祖单弓兽等）开始，经过基龙科、楔齿龙科演变成兽孔目、真犬齿兽下目，再进一步演化成哺乳动物。

始祖单弓兽的出现，拉开了似哺乳类爬行动物的序幕。

始祖单弓兽与其他早期蜥形纲动物的外表类似，其体形较大，身长50厘米，比其他早期爬行动物更具优势，颌部强壮，嘴张得比其他早期爬行动物更大。始祖单弓兽的牙齿形状、大小相近，已具有较大的犬齿，显示它们是肉食性动物。始祖单弓兽是所有似哺乳类爬行动物的祖先，也是哺乳类的祖先。

异齿龙是盘龙目中有代表性物种。异齿龙与哺乳类的关系较近，离真爬行动物（如恐龙、蜥蜴等）较远，是兽孔目似哺乳动物的直接祖先。异齿龙是大型顶级掠食动物，平均身长3～3.5米，体重100～150千克。异齿龙最大的特点就是，它的大型头颅骨中有两种不同形态的牙齿（它也正是因此而得名），一种是用于切割食物的牙齿，另一种是用来撕裂食物的尖齿，这两种牙齿后来分别进化成哺乳动物的门齿和犬齿，甚至我们人类的门齿、犬齿都是由异齿龙的两种牙齿进化而来的。异齿龙背部有高大背帆，用来调节体温，也有可能用作求偶或是吓唬猎食者。有研究计算，一只成年异齿龙体温从26℃提升到32℃，若没有背帆需要205分钟，若有则只需80分钟。

始祖单弓兽复原图（Arthur Weasley）

始祖单弓兽，属盘龙目蛇齿龙科，是目前已知的最古老的似哺乳类爬行动物之一，化石发现于北美洲加拿大的新斯科舍省。跟林蜥、油页岩蜥发现于同一地点。

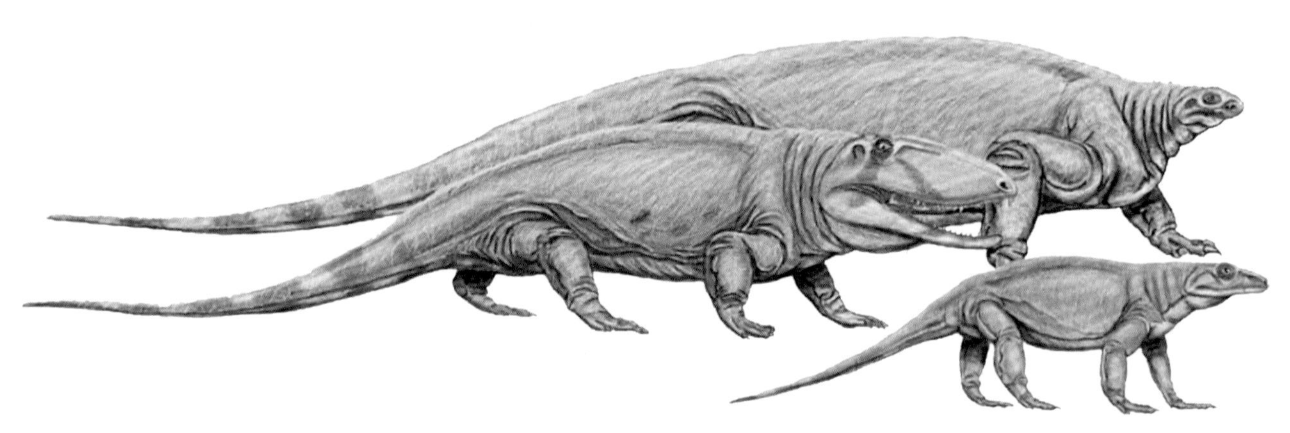

杯鼻龙（上）、蛇齿龙（中）、蜥代龙（下）复原图（Dmitry Bogdanov）

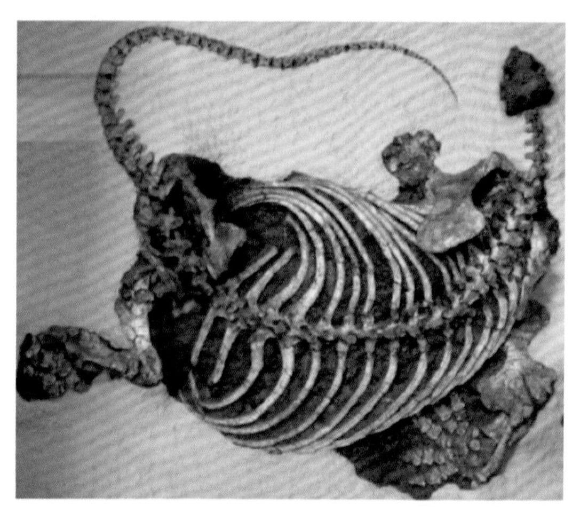

杯鼻龙化石及复原图（Arthur Weasley）

杯鼻龙，属盘龙目卡色龙亚目，是大型盘龙目动物，植食性。生活于早中二叠世，约2.65亿年前。化石发现于北美洲南部。杯鼻龙的体形巨大，但头部小，身体呈大水桶状。杯鼻龙身长6米，重达2吨。四肢粗壮，脚掌扁平，具有大型趾爪。这些趾爪可能被用于挖掘植物，或栖息用的洞穴。

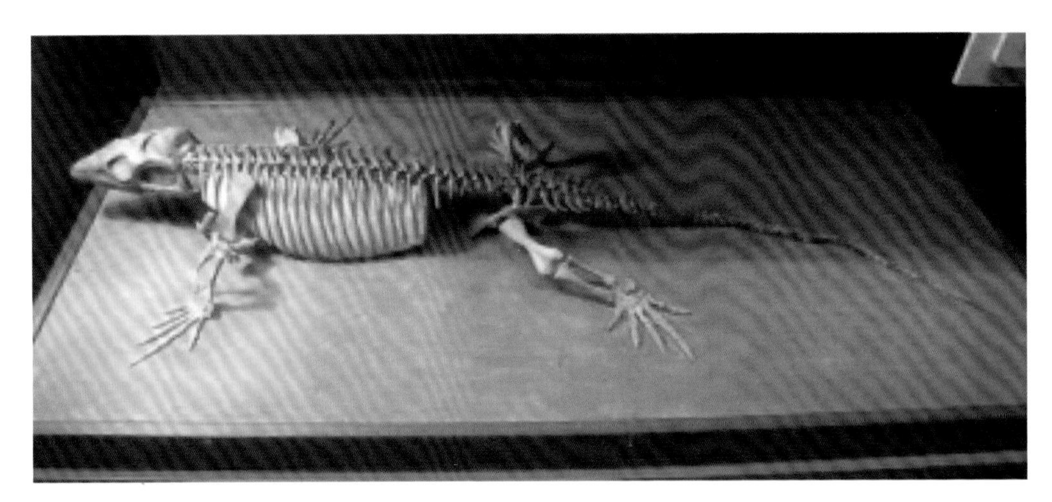

蜥代龙骨骼模型及其复原图（ДИБГД）

蜥代龙，又名蜥面龙，属盘龙目的蜥代龙科。身长约 1 米。生活于早二叠世，2.795 亿—2.725 亿年前。化石发现于北美洲。

蛇齿龙复原图（Nobu Tamura）

蛇齿龙，属蛇齿龙科，是大型盘龙目动物，蛇齿龙与始祖单弓兽具有亲缘关系，生活于 3.18 亿—2.7 亿年前。化石发现于北美洲与欧洲。蛇齿龙的身长至少 2 米，最长可达 3.6 米，体重 30 ～ 50 千克。蛇齿龙有锐利的牙齿，可能在小河与池塘里捕食鱼类。

基龙复原图（Nobu Tamura）

基龙骨骼模型（芝加哥菲尔德博物馆）

基龙生态复原图（Dmitry Bogdanov）

基龙，又名帆龙，属盘龙目基龙科。生活于晚石炭世至中二叠世，3.03 亿—2.65 亿年前。化石发现于北美洲和欧洲。基龙并不是恐龙，它在恐龙出现之前就完全灭绝了。基龙以坚硬的植物为食，与阔齿龙是已知最古老的植食性四足动物。基龙的背部有从颈部延伸到臀部的背帆，但与同期的肉食性异齿龙、楔齿龙的背帆形状不同。基龙身长 1 ~ 3.5 米，体形肥大，体重超过 300 千克。基龙四肢位于身体两侧，爬动前行，尾巴粗厚，行动迟缓，看起来就像现在的科莫多巨蜥。异齿龙是其天敌。

楔齿龙骨架模型及复原图（ДИБГД）

楔齿龙，属盘龙目楔齿龙科，肉食性动物。生活于早二叠世，化石发现于北美洲。楔齿龙科是兽孔目的近亲，身长约 3 米。

异齿龙骨架模型（布鲁塞尔自然历史博物馆）及复原图（Dmitry Bogdanov）

异齿龙，又名异齿兽、长棘龙、两异齿龙，属盘龙目楔齿龙科，是肉食性似哺乳类爬行动物的一属。生活于早中二叠世，2.8 亿—2.65 亿年前。化石发现于北美洲与欧洲等地。

12.4

# 由盘龙目进化来的似哺乳类爬行动物——兽孔目

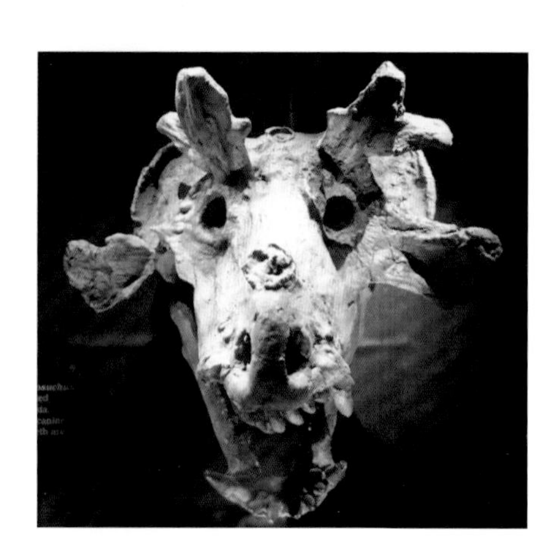

**冠鳄兽头颅骨**

冠鳄兽，意为“有冠状物的鳄鱼”，属基础恐头兽类动物，是一种大型的早期杂食性兽孔目动物。生活于晚二叠世，约 2.55 亿年前。化石发现于俄罗斯。冠鳄兽是当时最大的陆生动物，体形似成年公牛，四肢呈柱状，两侧延伸，步态蹒跚。其头颅高大，长有几个大型角状物，位于头顶与两侧，向上向后生长，类似麋鹿角。

在早二叠世，约 2.75 亿年前，盘龙目楔齿龙科演化出兽孔目。最早出现的兽孔类动物是四角兽，生活在晚二叠世，约 2.6 亿年前。在中二叠世，2.7 亿—2.6 亿年前，兽孔类取代盘龙类，成为优势陆地动物。在中三叠世，2.45 亿—2.28 亿年前，多样性的主龙类爬行动物又取代兽孔类，成为优势陆地动物。在晚三叠世，约 2 亿年前，犬齿兽类演化出最早的哺乳动物——摩尔根兽。

兽孔类齿骨明显增大，牙齿有了典型分化，有了门齿、犬齿和臼齿之分，犬齿十分突出。

在 2 亿年前，三叠纪末期的第五次生物大灭绝事件后，除少数犬齿兽类、二齿兽类继续存活外，其余的兽孔目（不包括哺乳动物）爬行动物都已灭绝。最后灭绝的兽孔目动物是三棱齿兽科，生活于早白垩世，约 1 亿年前。

兽孔目真犬齿兽类，至少有 3 个类群存活者：①三瘤齿兽科存活到早白垩世；②三棱齿兽科，存活到早侏罗世；③最早的哺乳形类摩尔根兽与其近亲，最后演化为哺乳动物。

奇异冠鳄兽复原图（Nobu Tamura）

始巨鳄头部复原图（ДИБГД）

始巨鳄，属兽孔目巴莫鳄亚目。生活于晚二叠世，约 2.55 亿年前。化石发现于俄罗斯彼尔姆边疆区，与巴莫鳄和冠鳄兽的化石一起在河相沉积层中被发现。它们如同巴莫鳄，是大型掠食动物。

中华猎兽复原图（Dmitry Bogdanov）

中华猎兽，又译为中国猎兽，意为“中国的猎人”，属兽孔目恐头兽亚目安蒂欧兽科。生活于晚二叠世，约 2.65 亿年前。化石发现于中国甘肃省玉门市。头颅骨长 35 厘米，身长约 2 米。

巴莫鳄复原图

巴莫鳄，属兽孔目，是最原始的似哺乳类爬行动物之一。生活于晚二叠世，约 2.55 亿年前。化石发现于俄罗斯彼尔姆边疆区。巴莫鳄具有修长的四肢，身长 1.5 ~ 2 米。

巴莫鳄骨骼

伟鳄兽复原图（Dmitry Bogdanov）

伟鳄兽，属于兽孔目恐头兽亚目。伟鳄兽并非鳄鱼，肉食性动物。生活于晚二叠世，约 2.55 亿年前。化石发现于南非。身长约 2.5 米。

苏美尼兽复原图（Mojcaj）

苏美尼兽，属原始兽孔目异齿亚目。生活于中二叠世，约2.6亿年前，化石发现于俄罗斯基洛夫州。苏美尼兽可能是一种树栖动物。它的树栖生活比最早树栖的哺乳动物还早近1亿年。苏美尼兽体长50厘米。四肢很长，脚趾也特别长，前脚趾尖细长、弯曲，最明显特征是有“对生脚趾”，便于在树上抓握和爬行。

合齿兽生态复原图（Di Bgd）

合齿兽，属兽孔目恐头兽亚目合齿兽科。生活于中二叠世，化石发现于俄罗斯。身长约1.2米，是一种小型恐头兽类。

安蒂欧兽复原图

安蒂欧兽，又名前龙，属兽孔目恐头兽亚目安蒂欧兽科，大型肉食性动物。生活于 2.66 亿—2.6 亿年前。化石发现于南非。身长超过 5 米，体重 500 ~ 600 千克。

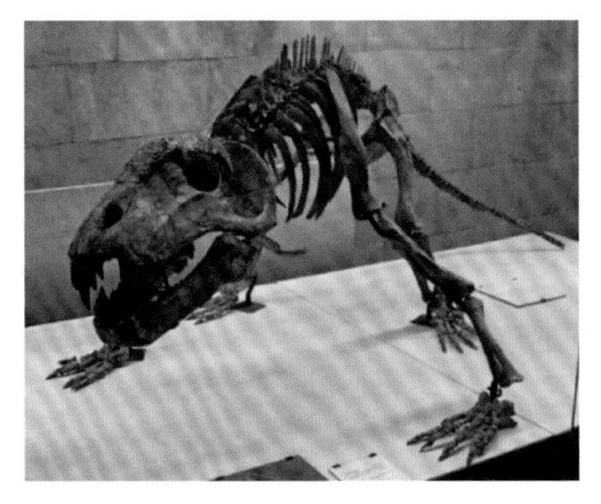

巨型兽骨骼及其复原图（Nobu Tamura）

巨型兽，属兽孔目恐头兽亚目，肉食性动物。生活在冠鳄兽之后 500 万年，化石发现于俄罗斯。身长约 2.85 米。

貘头兽生态复原图（Di Bgd）

貘头兽，属兽孔目大型植食性动物。生活于中二叠世，化石发现于南非。貘头兽体形矮胖，有巨大的头颅骨顶部、短的口鼻部。身长达 3 米，重 1.5 ～ 2 吨，是当时最大的动物之一。

# 第四次生物大灭绝事件：开启了似哺乳类爬行动物多样化繁衍

每一次生物大灭绝事件，虽然会造成地球生物的大量死亡，甚至给极度繁盛的生物带来毁灭性的打击，使其消失殆尽，但是，此后不久，适应环境的新物种，就会乘虚而入，迅速弥补因生物灭绝造成的生态位空缺，并呈现爆发式增长，多样化发展。

2.51 亿年前的二叠纪末期，一颗或几颗陨石撞击地球引起的火山大爆发导致了第四次（通常说是第三次）生物大灭绝。这是科学家通过对二叠纪末期岩石地层进行研究得出的结论，但这一观点仍然受到质疑。大规模的火山爆发对全球气候产生巨大的影响，持续不断的火山喷发使大量的火山气体和火山灰喷入空中，先导致气温极速升高，随之而来的是温度急剧下降。一次次的气温骤变，都一次次重创生物。最终弥散在空中的火山灰，遮挡了阳光的照射，阻碍了植物的光合作用，从根本上摧毁了整个地球的生态系统。据科学家统计，有高达 95% 的海洋生物和 75% 的陆生脊椎动物在二叠纪末期惨遭灭绝。三叶虫从此在海洋中永远不见踪影。但仍有一些似哺乳爬行动物，如水龙兽、二齿兽等依靠挖掘的洞穴，得到了很好的庇护而幸存了下来。

第四次生物大灭绝事件促使脊椎动物的听觉系统进一步演化，听觉大幅度提高。

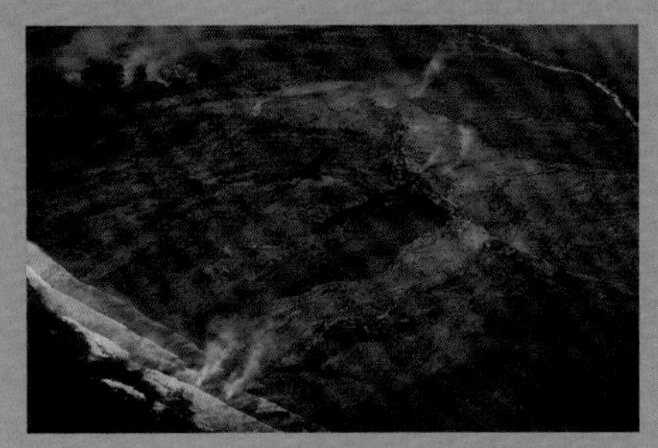

上下图是在二叠纪末期的生物大灭绝事件中，灭绝的动物。

陨石撞击地球假想示意图

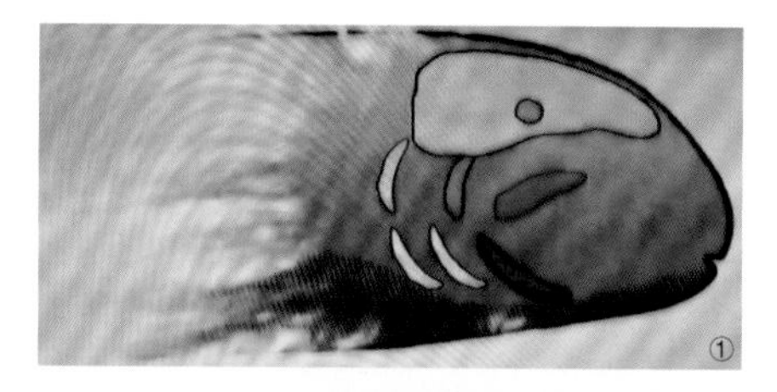


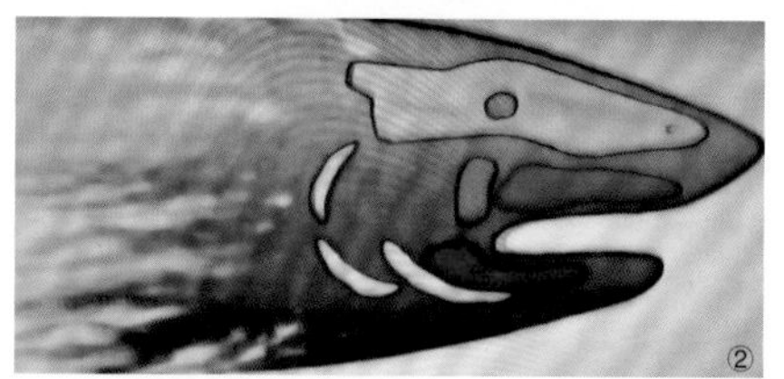


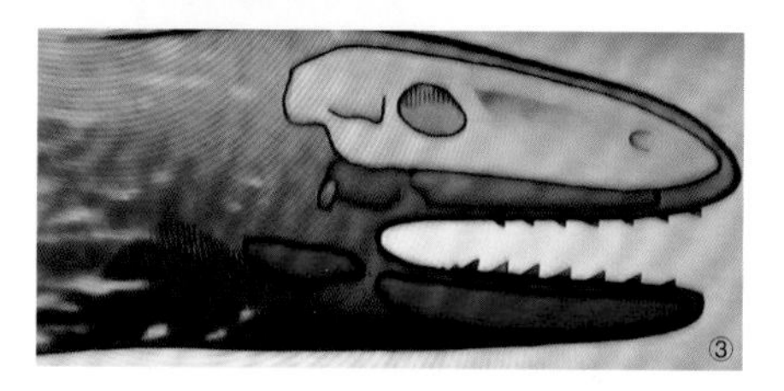

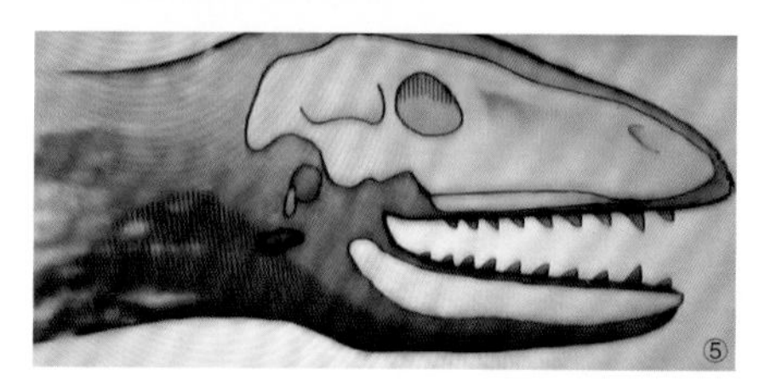

## 脊椎动物颌骨的进化

脊椎动物颌骨的进化与其听小骨的演化是密不可分的。

脊椎动物颌骨进化如图所示：

①鱼的绿色鳃弓形成舌颌骨，红色与蓝色鳃弓前移，形成原始颌骨的雏形。

②绿色舌颌骨变小，红色与蓝色软骨进一步前移，开始形成原始颌骨，如原始的盾皮鱼类。

③红色与蓝色软骨组成了原始颌骨，如长吻麒麟鱼。

④随着由软骨（红色、蓝色）组成的原始颌骨开始退缩，形成方骨和关节骨，舌颌骨进一步缩小开始形成耳柱骨（绿色），此后，体表骨片侵入上下颌并取代退缩的原始颌骨，脊椎动物开始有了真正的嘴巴。如初始全颌鱼，两栖动物。

⑤到爬行动物（包括原始哺乳动物），舌颌骨（绿色）形成了耳柱骨（中耳）；体表骨片进化成坚固的上下颌骨（白色为坚硬的颌骨），其下颌骨由方骨（红色）、关节骨（蓝色）、齿骨三块骨头组成。

⑥进化到胎盘哺乳动物，形成完善的中耳，中耳内的听小骨由 3 块小骨组合成，即关节骨（蓝色）进化而成的锤骨、方骨（红色）进化而成的砧骨、耳柱骨（绿色）进化成的镫骨。下颌骨变为一块骨头。

## 脊椎动物听小骨的进化

脊椎动物听觉的进化由弱到强，这主要表现在听小骨的结构演化方面。

第一步，鱼的鳃弓逐渐移到头部形成下颌，鱼的第二组鳃弓进化成舌颌骨，舌颌骨支撑下颌的后缘；

第二步，从肉鳍鱼演化成爬行动物，其下颌骨由关节骨、方骨和齿骨三块骨头组成。舌颌骨缩小，演化成爬行动物的耳柱骨，耳柱骨是一个中间有孔的长条骨，构成了中耳，中耳从下颌骨那里感受振动并传到爬行动物的内耳；

第三步，从爬行动物进化到了胎盘哺乳动物，关节骨进化成锤骨，方骨进化成砧骨，下颌骨只由一块齿骨组成，舌颌骨进化成镫骨。锤骨、砧骨和镫骨 3 块骨构成了哺乳动物的听小骨。所以说，哺乳动物和人类比其他脊椎动物的听觉要灵敏得多。

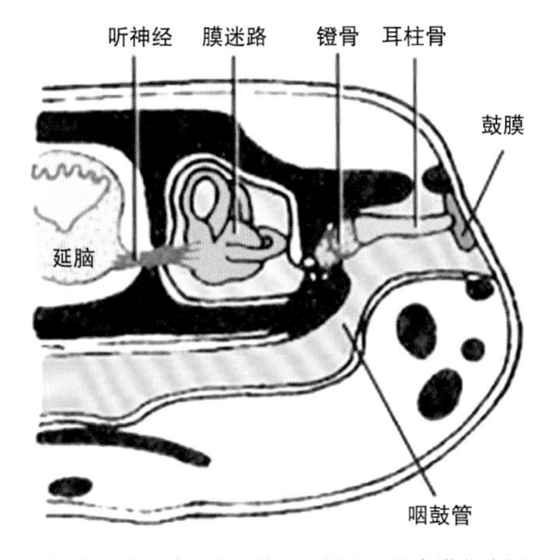

两栖类听小骨（具有耳柱骨和镫骨，没有进化出锤骨和砧骨）

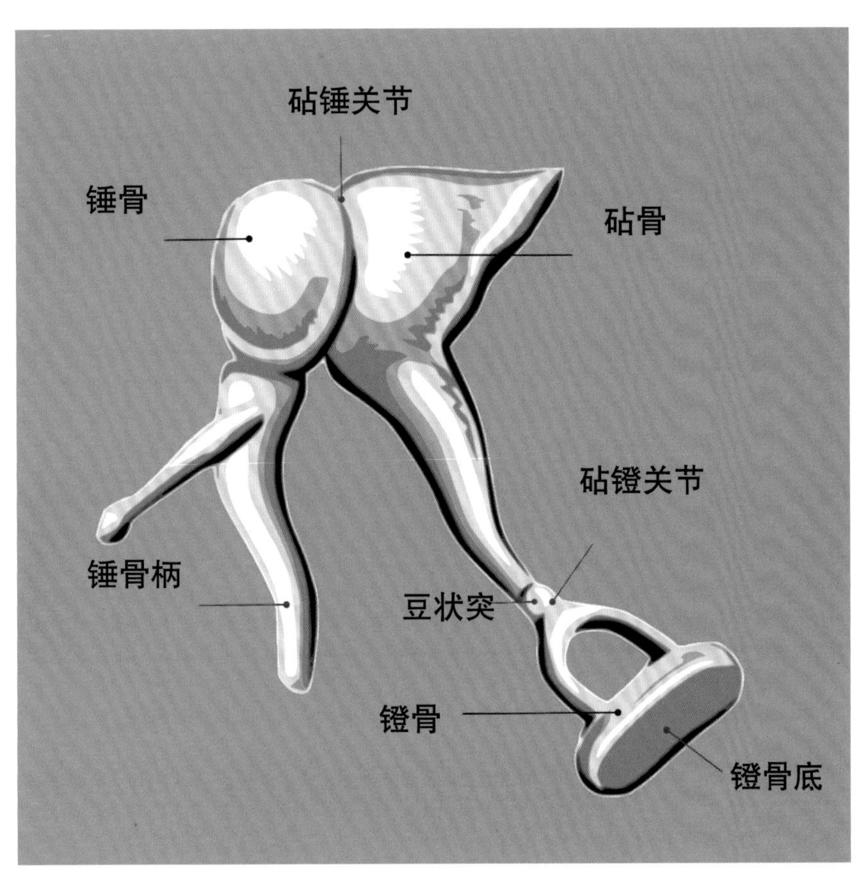

哺乳动物和人类的听小骨的结构

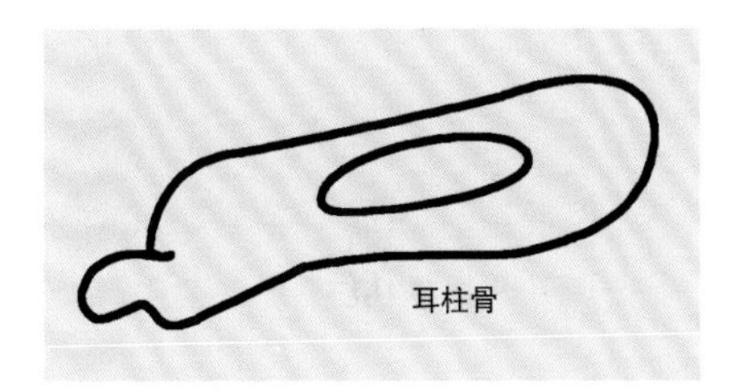

耳柱骨

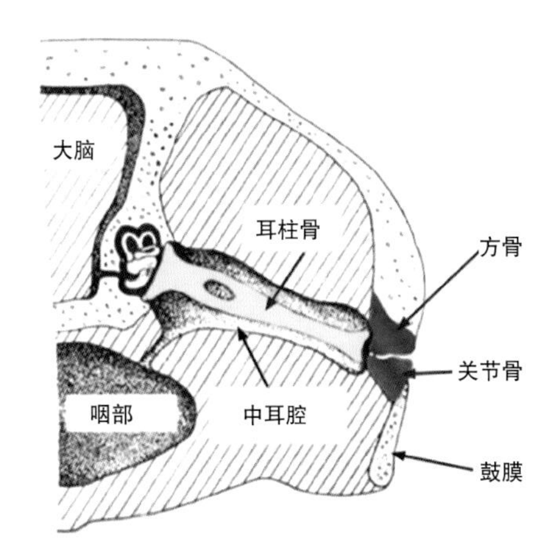

爬行动物中耳结构示意图

## 12.5

# 少数存活下来的似哺乳类爬行动物——二齿兽类

水龙兽骨架模型（巴黎自然历史博物馆）

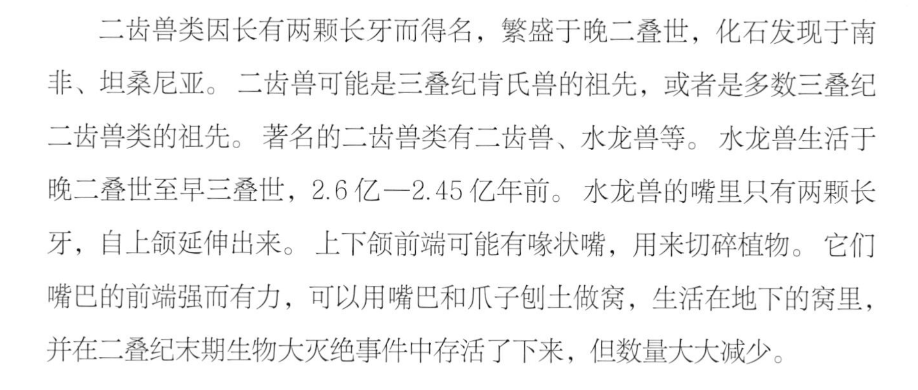

二齿兽类因长有两颗长牙而得名，繁盛于晚二叠世，化石发现于南非、坦桑尼亚。二齿兽可能是三叠纪肯氏兽的祖先，或者是多数三叠纪二齿兽类的祖先。著名的二齿兽类有二齿兽、水龙兽等。水龙兽生活于晚二叠世至早三叠世，2.6亿—2.45亿年前。水龙兽的嘴里只有两颗长牙，自上颌延伸出来。上下颌前端可能有喙状嘴，用来切碎植物。它们嘴巴的前端强而有力，可以用嘴巴和爪子刨土做窝，生活在地下的窝里，并在二叠纪末期生物大灭绝事件中存活了下来，但数量大大减少。

始二齿兽复原图（Nobu Tamura）

始二齿兽，属兽孔目二齿兽下目，生活于二叠纪的南非。

水龙兽复原图

水龙兽，属兽孔目二齿兽下目。水龙兽体形笨重，是中等大小的植食性动物，有短粗的四肢，体型似猪。

二齿兽复原图

二齿兽，又译为二犬齿兽，属兽孔目异齿兽亚目二齿兽下目，植食性动物。

## 12.6 长有双重军刀状牙齿的似哺乳类爬行动物——丽齿兽类与兽齿类

丽齿兽类，生活在第四次生物大灭绝事件之前，肉食性、外形像狼。明显的进化是长有双重军刀状牙齿，此后，哺乳动物的獠牙就是由这种牙齿演化而来的。

丽齿兽是凶残的猎手，位于食物链的顶端。牙齿与剑齿虎的牙齿一样，如匕首般尖锐锋利，眼睛像蜥蜴一样，体形庞大，身长 4 米，壮如犀牛。闻到血腥味后，丽齿兽可以 50 千米每小时的速度疾驰，直到捕获猎物为止。它们在 2.5 亿年前生物大灭绝事件中灭绝。

兽齿类很像哺乳动物，是肉食性恐龙，大小如现代的狗，头骨窄而长，明显特征是进化出了次生腭，从而将鼻腔与口腔分开，以便于吞食大型猎物时能够正常呼吸；牙齿明显分化。

**三头丽齿兽正在猎食一头巨大的猎物**

丽齿兽，又译蛇发女妖兽，属兽孔目丽齿兽亚目，是丽齿兽亚目的代表品种。生活于晚二叠世，2.55 亿—2.5 亿年前。化石发现于南非卡鲁盆地。身长 4 米。

包氏兽复原图（Nobu Tamura）

包氏兽，属兽孔目兽齿类兽头亚目包氏兽科。包氏兽生活于早三叠世的非洲南部，肉食性或食虫性。

丽齿兽生态复原图

锯颌兽复原图（ДИБГД）

锯颌兽，属兽孔目兽齿类兽头亚目，生活于中晚二叠世的南非，头颅骨长 25 厘米，身长约 1.5 米。头颅骨狭长，具有相当大的门牙，肉食性动物，可能以小型兽孔目、米勒古蜥科爬行类为食。

狼蜥兽攻击一只盾甲龙（Dmitry Bogdanow）

狼蜥兽骨骼模型

狼蜥兽，又译为伊诺史川兽，属兽孔目丽齿兽亚目，生活于 2.51 亿年前的晚二叠世。化石发现于俄罗斯。如同其他丽齿兽类，狼蜥兽是四足动物，四肢直立于身体下方。头颅骨长 45 厘米，身长 1 ~ 4.3 米，骨骼上附有强壮的肌肉。

## 12.7

# 最接近哺乳动物的爬行动物——犬齿兽类

原犬鳄龙复原图（Nobu Tamura）
原犬鳄龙，生活在 2.6 亿—2.51 亿年前，化石发现于德国、赞比亚、南非等地。体长约 60 厘米。

原犬鳄龙骨架模型（日本东京国立科学博物馆）

犬齿兽类是最进步的类群。颞孔加大，齿骨大，下颌具高而宽的冠状突。犬齿大而突出，次生腭发育，头骨与脊柱间的活动性增加。

犬齿兽类拥有几乎所有哺乳类的特征，是哺乳动物的祖先。它们的牙齿全部分化，脑壳往头后方突起，多数以直立的四肢行走。犬齿兽类仍然卵生，犹如所有中生代原始哺乳类一样。兽头类与犬齿兽类有亲近的血缘关系。它们的犬齿是它们下颌的最大骨头，其他的小骨头移动到内耳。它们可能是温血动物，体表覆盖着毛发。

著名的犬齿兽类有原犬鳄龙、三尖叉齿兽、犬颌兽、奇尼瓜齿兽等。原犬鳄龙科是最早的犬齿兽类之一，生活于晚二叠世。它既能够爬行，也能够半直立行走。有胡须，长毛发。

三尖叉齿兽逃过了第四次生物大灭绝事件。生活在 2.48 亿—2.45 亿年前的早三叠世，有胡须，身上覆盖着皮毛，可能是穴居的温血动物。三尖叉齿兽长有外耳，已经有了分化的门齿、犬齿和臼齿，虽然具有了哺乳动物的许多特征，但它仍然是爬行动物，繁殖方式是卵生。三尖叉齿兽的步姿明显进化，从爬行到站立，它是哺乳动物与爬行动物之间的完美过渡物种，在揭示哺乳动物的进化方面具有重要作用。

犬颌兽生活于早三叠世，是最类似哺乳类的一群似哺乳类爬行动物。

犬齿兽亚目进化为真犬齿兽下目，真犬齿兽下目又分为犬颌兽科、奇尼瓜齿兽科、三瘤齿兽科、三棱齿兽科。它们都非常接近哺乳动物。

三尖叉齿兽复原图

三尖叉齿兽，属犬齿兽类。化石发现于南非和南极洲。它体长 30 ~ 50 厘米，身体低矮，肉食性，以小型动物为食。

犬颌兽头颅骨

犬颌兽，属犬齿兽类。生活于早三叠世，化石发现于南非、中国，南美洲和南极洲等地。肉食性动物，身长约 1 米。有了外耳。

三只犬颌兽正在享用一头水龙兽大餐

**奇尼瓜齿兽生态复原图**

奇尼瓜齿兽，属兽孔目犬齿兽亚目奇尼瓜齿兽科。生活于中晚三叠世，化石发现于南美洲。它具有许多类似哺乳动物的特征，是种小型肉食性动物，体形接近狗，与早期恐龙共存于同一地区。

## 12.8

# 逃过两次大灭绝事件的似哺乳类爬行动物——三瘤齿兽科与三棱齿兽科

三瘤齿兽科，由类似犬颌兽的横齿兽科演化而来，生活于晚三叠世至中白垩世，是生存时间最长的似哺乳类爬行动物，是哺乳动物的近亲。化石发现于北美洲、南美洲、南非、欧洲和东亚。三瘤齿兽类是最进化的犬齿兽类之一，同时具有似哺乳类爬行动物和哺乳动物的特征，故被视为是似哺乳类爬行动物演化至哺乳动物的旁支之一。有些三瘤齿兽类在晚侏罗世至白垩纪演化成植食性动物，如小驼兽。三瘤齿兽类可能已演化成温血动物，极有可能生活在洞穴里，如同现今的啮齿动物。

三棱齿兽科，也被称为鼬龙类，是由类似犬颌兽的横齿兽科演化而来的中小型的犬齿兽类，是高度特化的犬齿兽类动物，特别像哺乳动物。身长 10 ~ 20 厘米，主要是肉食性或食虫性，从晚三叠世存活到中侏罗世，可能因哺乳动物而灭绝。化石发现于南美洲和南非，说明它们生活在当时盘古大陆的南部。

关于哺乳类是从三瘤齿兽进化而来，还是从三棱齿兽科进化而来，科学家们仍有不同认识。

三棱齿兽类头部复原图

小驼兽复原图

小驼兽，属兽孔目三瘤齿兽科，是先进的植食性犬齿兽类，生活于晚三叠世至晚侏罗世。外表类似黄鼠狼或水貂，拥有长而纤细的身体与尾巴，四肢笔直地竖立在身体下方，有了外耳。

三瘤齿兽复原图（Nobu Tamura）

三瘤齿兽，属犬齿兽亚目三瘤齿兽科，植食性动物。三瘤齿兽生活于早侏罗世，化石发现于南非。三瘤齿兽是一种小型动物，头颅骨长约 25 厘米，胫骨长 5.3 ~ 8.2 厘米。上颌每侧有 3 颗门齿，其中第 2 颗较大。三瘤齿兽没有犬齿，门齿与犬齿后齿之间有个缺口。犬齿后齿呈方形，具有 3 个齿尖，故名三瘤齿兽。

## 12.9
# 副爬行动物
## ——无孔亚纲

在似哺乳类爬行动物时代，还生活着一类最原始的爬行动物，即无孔亚纲，也称副爬行动物，因头骨上没有颞颥孔而得名。副爬行动物可能由早期真爬行动物演化而来，最早出现于 3.18 亿年前的石炭纪晚期，繁盛于二叠纪时期，在 2.51 亿年前的第四次生物大灭绝事件中灭绝。其头骨表面有纹饰，吻短，松果孔大，无次生腭。它们是最早、最原始的副爬行动物，包括大鼻龙目（或归入真爬行动物）、前棱蜥目、龟鳖目和中龙目，目前仅存龟鳖目。

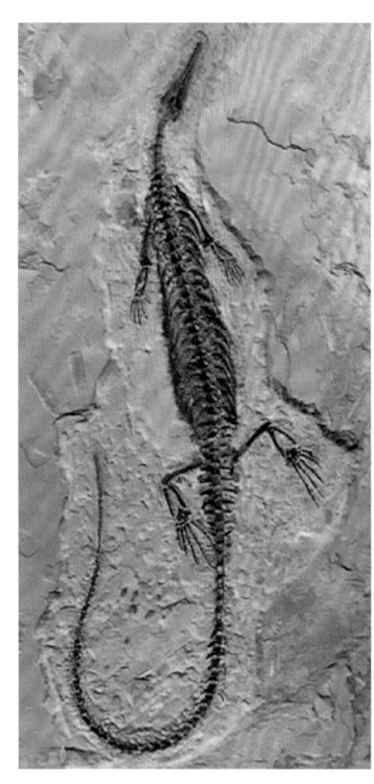

**中龙骨骼及生态复原图**

中龙，属副爬行动物中龙目中龙科。生活在晚石炭世至早二叠世，化石发现于南美洲、非洲。中龙是最早下水的爬行动物，主要生活在溪流和水潭中，以鱼为食。身体细长，有一条长而灵活的尾巴，脚大，主要用尾巴游泳。上下颌特别长，嘴里长满锋利的牙齿，适合捕鱼。

锯齿龙复原图（Nobu Tamura）

锯齿龙科，又译为巨齿龙科，是一群副爬行动物。繁盛于二叠纪，是早期的植食性爬行动物。乌龟是小型锯齿龙类的近亲。这些爬行动物的体形矮胖，身长 0.6 ~ 3 米，身体重达 600 千克、强壮的四肢、宽大的脚掌、小的头部与短的尾巴。它们皮肤上有骨质鳞甲，以防掠食动物攻击。但最奇特处是笨重的头骨延伸出奇特的突起物与隆起物。

锯齿龙骨骼

大鼻龙复原图（Nobu Tamura）

大鼻龙，又名狭鼻龙，属大鼻龙目大鼻龙科。生活于二叠纪，化石发现于北美洲。大鼻龙的体形小，身长约 40 厘米。

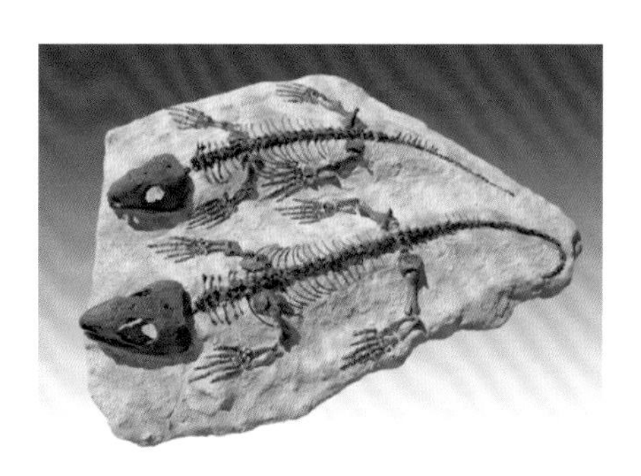

大鼻龙化石

铗龙复原图（Smokybjb）

铗龙，属大鼻龙目。杂食性动物，以昆虫或其他有硬壳的动物为食，或者是坚硬的植物。生活于二叠纪。化石发现于美国得克萨斯州。铗龙非常原始，身长约 75 厘米，身体笨重，外形类似蜥蜴，头部很大。

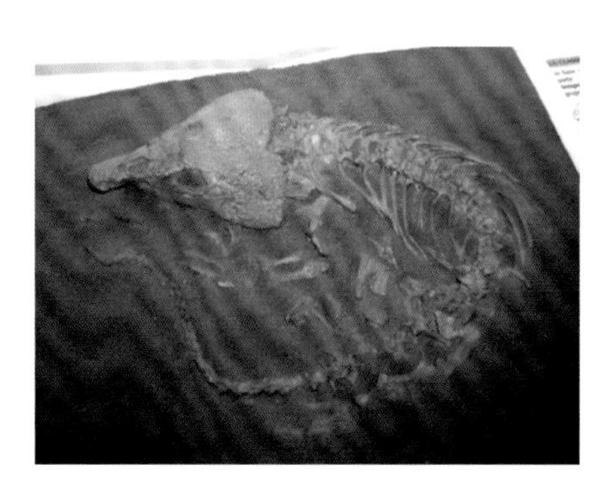

铗龙骨骼化石

夜守龙复原图（Dmitry Bogdanov）

夜守龙，属副爬行动物前棱蜥目。生活于二叠纪晚期，约 2.51 亿年前，外形类似蜥蜴。

真双足蜥复原图（Nobu Tamura）

真双足蜥，属副爬行动物波罗蜥科，是目前已知最早的两足脊椎动物。生活于二叠纪早期，2.84 亿—2.79 亿年前。化石发现于德国。真双足蜥是一种小型动物，身长约 25 厘米。

别里贝蜥复原图（Dmitry Bogdanov）

别里贝蜥，属副爬行动物波罗蜥科。生活于石炭纪最晚期至二叠纪早中期，化石发现于法国、俄罗斯与中国。

吻颊龙复原图（Dmitry Bogdanov）

吻颊龙，属副爬行动物前棱蜥形目，生活于二叠纪的俄罗斯。吻颊龙的头颅骨长 12 厘米，呈低矮的三角形。身长估计为 120 厘米。吻颊龙可能是兰炭鳄的近亲。

# 第五次生物大灭绝事件：弱小的哺乳动物仍过着“寄人篱下”的生活

约 2 亿年前，一颗巨型陨石破碎成数块大的和成千上万块小的陨石猛地砸向地球，从而引发了第五次（通常说是第四次）生物大灭绝事件，史称三叠纪末期生物大灭绝事件。这次撞击虽然造成火山大规模喷发，全球气候变得干热，海平面变动，海水含氧量开始降低，70% 的物种灭绝，其中海生生物遭受灭顶之灾，许多鳄类消失殆尽，但这次大灭绝事件却开启了“恐龙兴盛的时代”。而哺乳动物虽然早在 2.05 亿年前就已经出现，但在强大的恐龙威慑下，它们仍过着寄人篱下的生活，没有壮大起来。

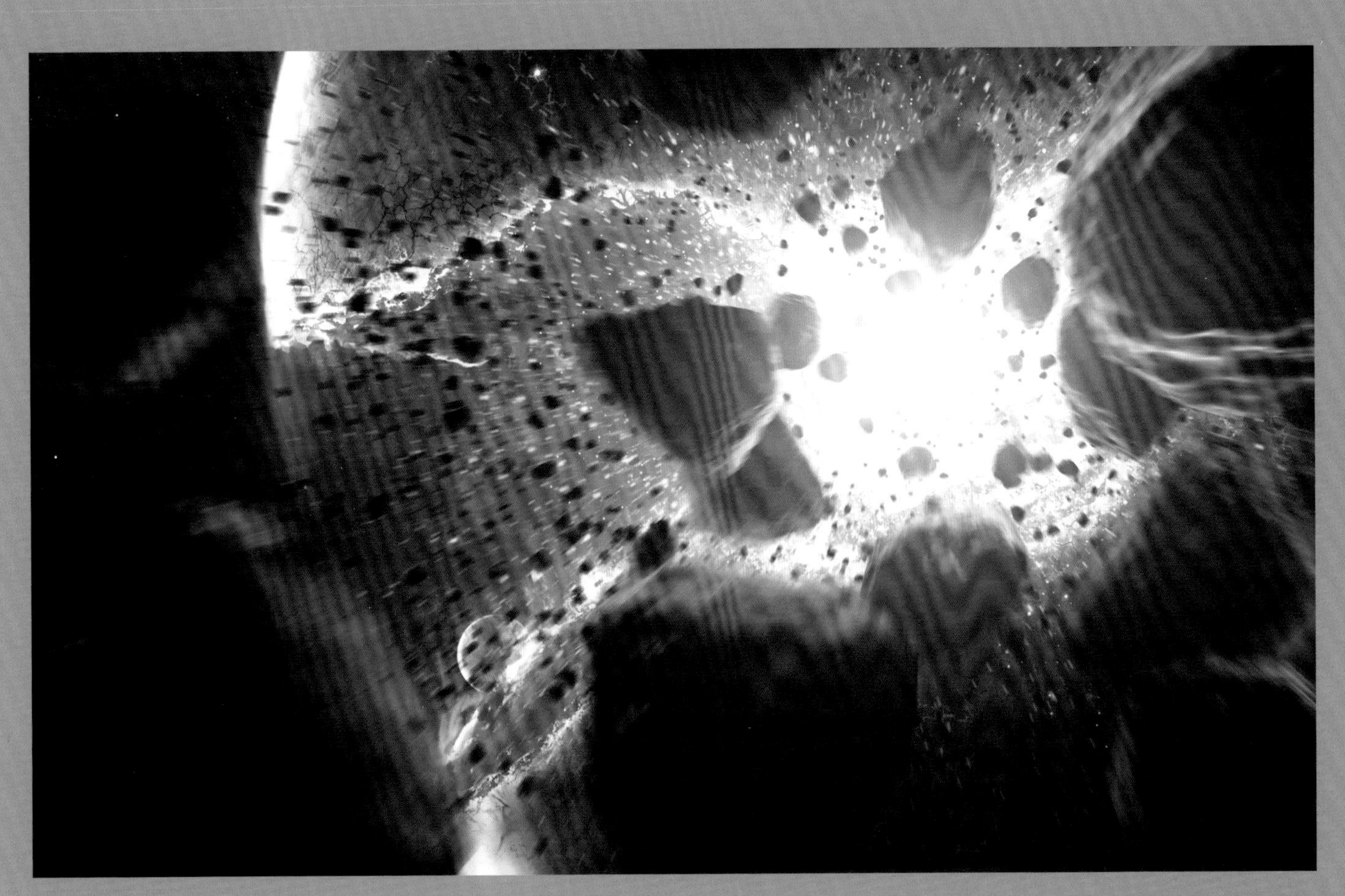

陨石的撞击引发了第五次生物大灭绝事件，开启了恐龙的大繁盛时代。

# 第十三章

# 哺乳动物时代

第五次生物大灭绝事件后，恐龙等大型爬行动物占据了统治地位，弱小的哺乳动物过着寄人篱下的生活

第五次生物大灭绝事件之后，也就是侏罗纪至白垩纪时期（2亿—6500万年前），是恐龙、翼龙和鱼龙、蛇颈龙、沧龙等十分兴盛的时代，因恐龙在生命进化史上起到承前启后的作用，故被称为恐龙时代。陆地上有重达几十吨的梁龙，有凶狠残暴的霸王龙、异特龙、中华盗龙，以及地上可捕猎、下水可抓鱼的棘龙，同时天空中有形态各异、大小不一的翼龙，翼展长达15米，像一架F-15战斗机，还有小巧玲珑的森林翼龙；水里有鱼龙、蛇颈龙、海龙，以及称霸海洋的沧龙。此外还有高大繁盛的裸子植物、茂密的蕨类植物，体长0.35米的蜻蜓、巨大无比的蜈蚣等。

在恐龙统治的时代，恐龙称王称霸，肆意横行，所向披靡，我们的祖先哺乳动物多数体重不过千克，体长不足1米。如在我国东北辽西地区发现了许多恐龙时代的哺乳动物，有生活在晚侏罗世，约 1.6 亿年前的神兽、仙兽、柱齿兽、中华侏罗兽，以及獭形狸尾兽；生活在早白垩世的巨爬兽（体长 1 米）、欧亚皱纹齿兽、胡氏辽尖齿兽、强壮爬兽、弥曼齿兽、中国俊兽、金氏热河兽、尖吻兽、中华毛兽等，它们大多属于啮齿类，体型娇小、皮毛厚实，或树栖生活或洞穴居住，以肉为食。

哺乳动物有的靠爬树捕捉昆虫为食，有的下河游泳吞食小鱼小虾，只能偷偷摸摸地吃些恐龙们的残羹剩饭，或以腐肉为食，畏畏缩缩勉强度日，白天不敢出来觅食，只好藏匿洞穴过着黑暗的生活，所以，哺乳动物进化出了灵敏的听觉系统。不然的话，不是被肉食性恐龙捉住，就是被翼龙收入囊中，也有可能被水里的沧龙生吞腹中。我们的祖先哺乳动物生活得如此艰辛。

但与此同时，也有一些极为重要的变化正在悄然发生。脊椎动物进化的第七次巨大飞跃，那就是恒温长毛，胎盘哺乳。哺乳动物进化出 4 缸型心脏，结束了爬行动物有氧血液与无氧血液混合循环的历史，动物体温变成了恒温，从此新陈代谢加快，不再有冬眠的习性，活动变得频繁，不仅白天进食，晚上也可以进食。从此开启了哺乳动物的进化时代，代表性的哺乳动物是中华侏罗兽和攀援始祖兽。另一种代表性的动物是 2.05 亿年前的摩尔根兽，形似啮齿动物，如鼬鼱，体形小巧，犹如小型老鼠，以昆虫、蚯蚓为食，是最原始的卵生哺乳动物。

恒温长毛或胎盘哺乳这些进化使哺乳动物和鸟类获得了更大的生存优势，于是在 6500 万年前第六次生物大灭绝事件之后，恐龙、翼龙和沧龙等大型爬行动物销声匿迹，而哺乳动物和鸟类却得以幸存。也正是这些原本占据统治地位生物的退场，为哺乳动物的大繁盛创造了历史机遇，各种各样的哺乳动物呈现出爆发式的多样化发展，直到人类祖先阿法南方古猿的出现，地球才进入了人类时代。

## 哺乳动物的特点

（1）哺乳动物的身体由头、颈、躯干、四肢和尾巴五部分组成，雌雄通过生殖器交配体内受精；胎生哺乳。（2）体表有毛发，有胡须；具有发达的肺功能；心脏具有 2 个心房，2 个心室，属 4 缸型心脏；有氧血液与无氧血液分离，属完全双循环，恒温动物。（3）具有发达的听觉系统，中耳内的听小骨，由 3 块小的骨头组成；有明显的外耳廓，能够感知声音的方位和远近。（4）基本都是四肢垂直于身体下方，直立行走或奔跑。（5）已进化出膈肌，采用胸—腹式呼吸。（6）哺乳动物的牙齿有门齿、臼齿和犬齿的分化，门齿切断食物，犬齿撕裂食物，臼齿磨碎食物；其中食草性哺乳动物只有门齿和臼齿，没有犬齿；而肉食性哺乳动物除了有门齿和臼齿外，还有发达的犬齿，适于撕裂食物，臼齿具有咀嚼功能。

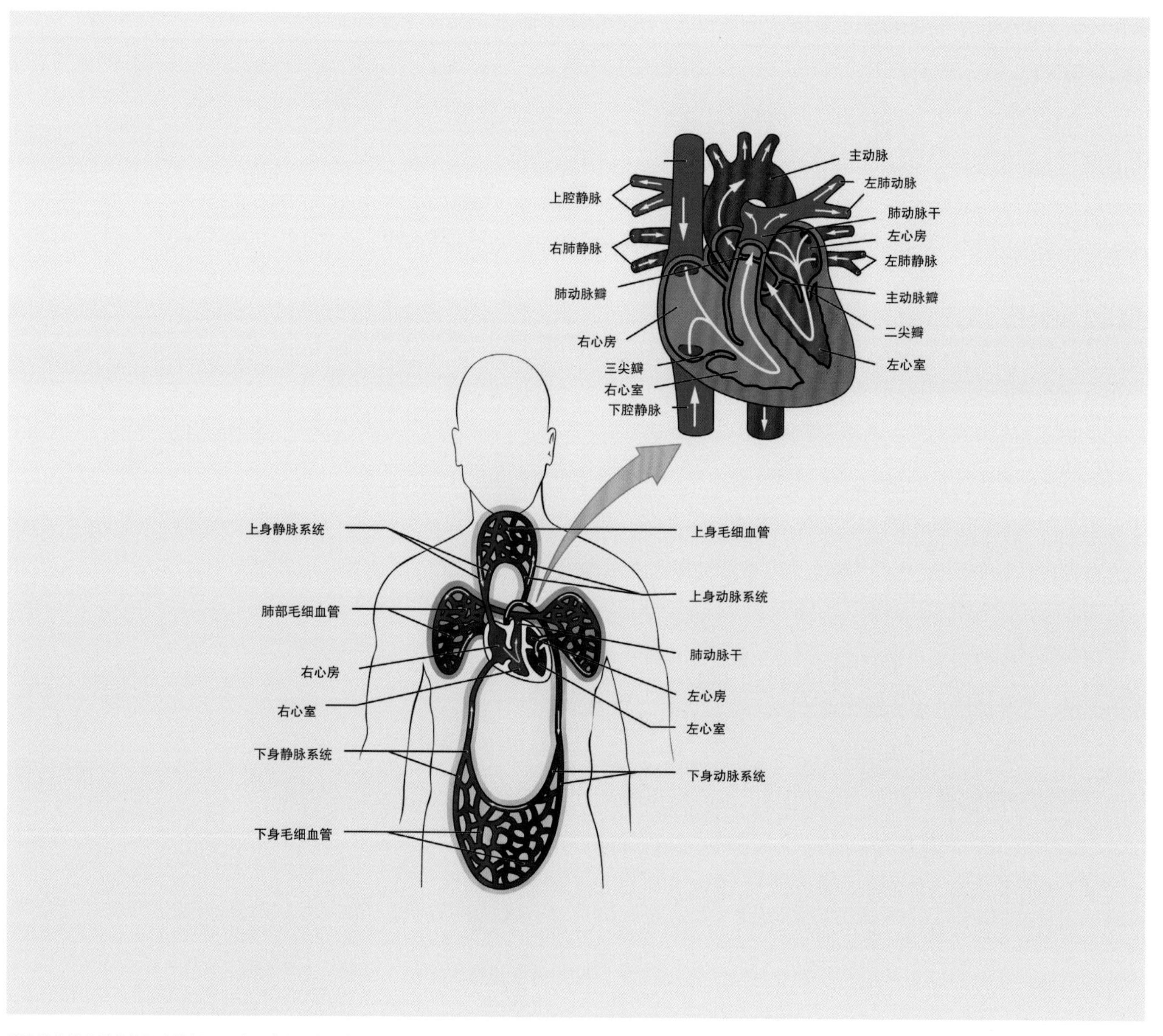


哺乳动物的心脏结构及血液循环示意图（以人为例）

# 13.1 哺乳动物的演化

哺乳动物属脊椎动物亚门的大类，通称兽类，全身被毛、恒温哺乳，从卵生哺乳类（原兽亚纲）至有袋哺乳类（后兽亚纲），再至胎盘哺乳类（真兽亚纲），这也是哺乳动物进化的三个阶段，即兽类假说。多数哺乳动物运动快速、恒温胎生。躯体结构、功能行为最为复杂，因通过乳腺分泌乳汁哺育幼体而得名。哺乳动物分布于世界各地，有陆上、地下、水栖和空中飞翔等多种生活方式，有植食性、肉食性和杂食性三大类。

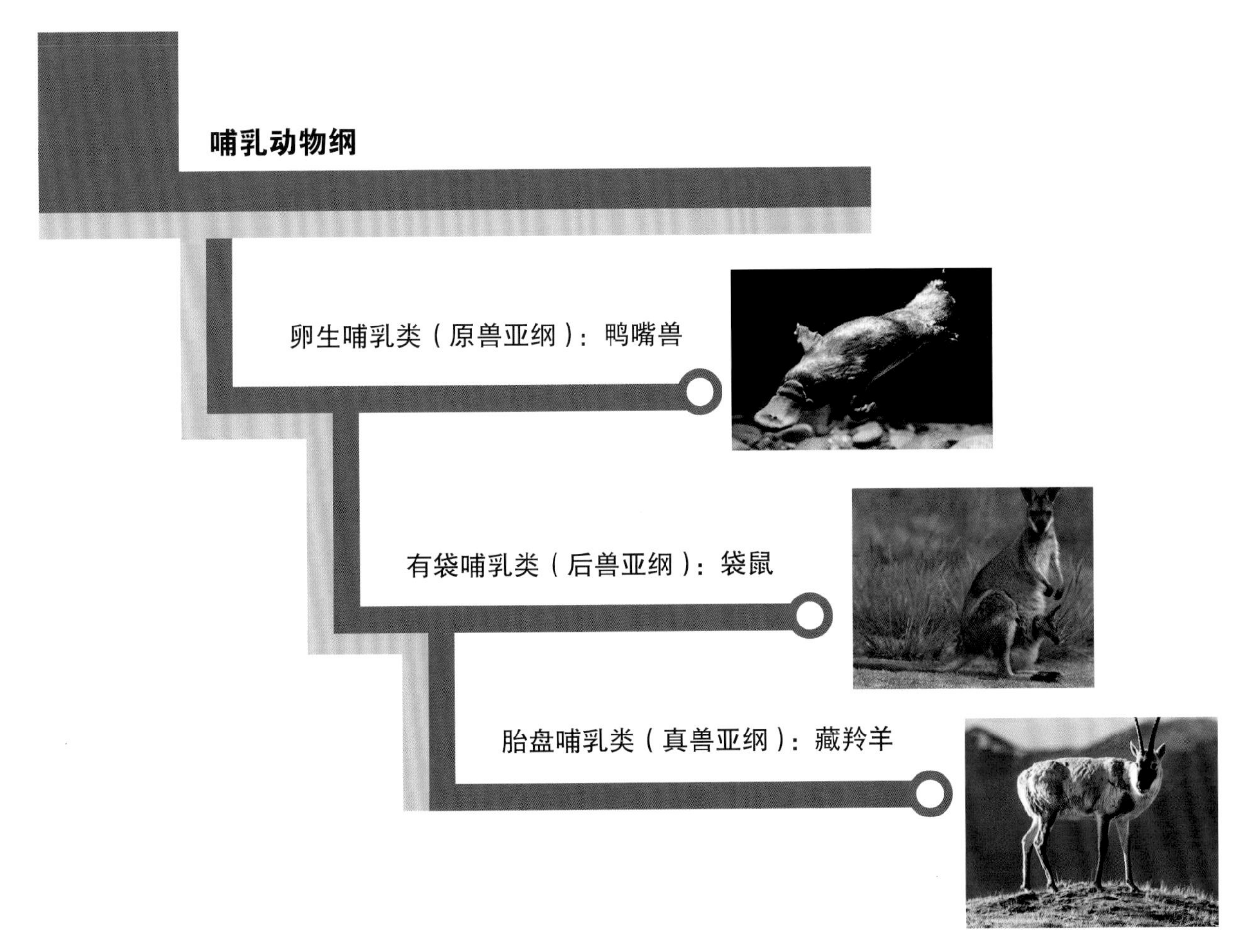


哺乳动物的演化与分类

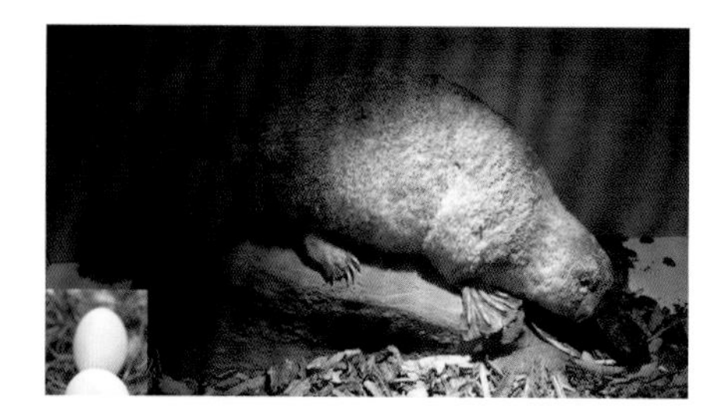

鸭嘴兽标本和鸭嘴兽的卵

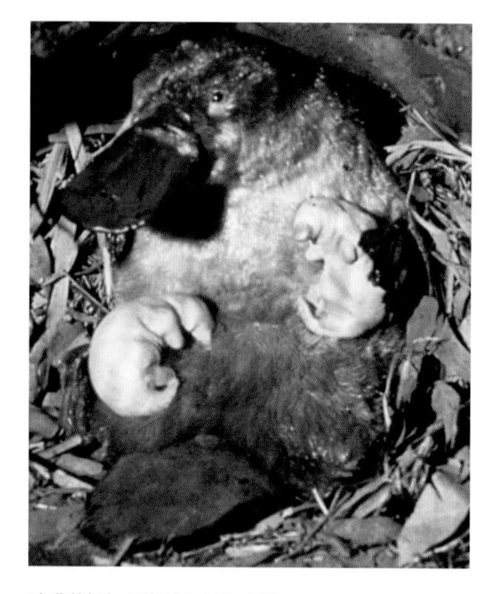

鸭嘴兽妈妈正在给两只幼崽哺乳

## 卵生哺乳类

卵生哺乳动物不分肛门、尿道及产道，因三个合一用肛门来代替，故被命名为单孔目。现有 2 科 3 属 3 种，如澳大利亚的针鼹、鸭嘴兽等。其他卵生哺乳类都已灭绝。

## 有袋哺乳类

有袋哺乳类在进化上是介于卵生哺乳类与胎盘哺乳类之间的哺乳动物。

它们的特点：胎生，但大多数无真正胎盘，雌兽具特殊的育儿袋，乳头在育儿袋内。发育不完全的幼崽生下后在育儿袋内继续发育。大脑体积小，无沟回，不分左右脑。体温近于恒温，在 33 ~ 35℃间波动。雌性具双子宫、双阴道。如袋鼠，右边子宫里的幼仔刚出生，左边子宫里又怀了另一个胚胎。等小袋鼠长大，完全离开育儿袋以后，另一个胚胎才开始发育，40 天后再以相同的方式降生下来。左右子宫轮流怀孕，如果条件适宜，袋鼠妈妈会一直繁殖。与此相应，雄性阴茎的末端也分两叉，交配时每一分叉进入一个阴道。雄性体外具阴囊。牙齿为异型齿，门齿数目较多且多变化。骨骼已接近于有胎盘哺乳类。有袋哺乳类主要分布于澳大利亚及其附近的岛屿，仅有一种分布在北美洲。

澳洲针鼹（D.Parer&E.Parer-Cook）

袋鼠妈妈与小袋鼠

袋鼠是著名的有袋类哺乳动物，主要分布于大洋洲的澳大利亚和巴布亚新几内亚的部分地区。袋鼠有强有力的下肢，是世界上跳得最高和最远的哺乳动物。袋鼠奔跑起来时速可达 50 千米以上，其尾巴既可以使袋鼠快速奔跑时保持身体平衡，也可以休息时用其支撑于地面。

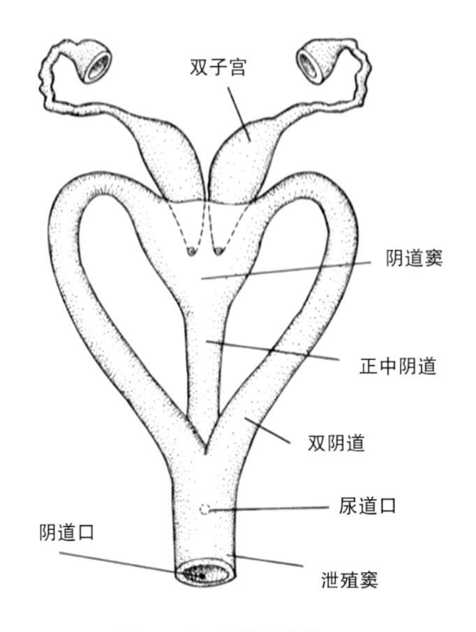


有袋哺乳类的双子宫双阴道示意图

树袋鼠母子

## 胎盘哺乳类

胎盘哺乳类由有袋哺乳类进化而来。雌性胎盘哺乳类在胚胎发育期，经过双子宫、双阴道阶段，即有袋哺乳类阶段，此后发生了融合，才形成了只有一个子宫、一个阴道的胎盘哺乳类。这是哺乳动物进化过程中基因突变、自然选择的结果，因为胎盘哺乳动物更有利于生存与繁衍。

胎盘哺乳类，是现存最多的哺乳动物，属于躯体结构、功能行为最为复杂的最高级动物类群，已分化出左右脑。绝大多数全身有毛、运动快速，体温恒定、胎生（胎儿在子宫内基本发育完全）、哺乳。心脏左、右两室完全分开；脑颅扩大，脑容量增加。大多数胎盘哺乳动物的肛门与尿道分开，但尿道与产道合二为一。而高等灵长类——类人猿（猴、猿）的肛门、尿道与产道（泄殖腔）是分开的。中耳发育为 3 块听小骨，下颌由 1 块齿骨构成；牙齿分化为门齿、犬齿和臼齿。除南极、北极中心外，胎盘哺乳类几乎遍布全球。胎盘哺乳类有 19 个目，主要的有食虫目、皮翼目、翼手目、贫齿目、鳞甲目、兔形目、啮齿目、食肉目、鳍足目、鲸目、偶蹄目、奇蹄目、蹄兔目、长鼻目、海牛目、管齿目、灵长目、树鼩目、象鼩目。

正在交配的藏羚羊

初生的小藏羚羊正在吃奶

正在产崽的藏羚羊

初生的小藏羚羊正在试着站起来

## 人类与其他哺乳动物在生儿育女上的差异性

因为体型特征和生理构造与其他哺乳动物（如藏羚羊）有着明显的差异性，所以人类在生儿育女方面要比其他哺乳动物困难得多。

一方面，人类祖先学会两足直立行走，视野更加开阔，便于警戒，腾出上肢，便于双手捕获猎物和采集食物。

另一方面，随着食肉增多和双手的使用，再加上人类学会使用火，脑容量明显增加，头颅增大，直立行走也造成人类女性骨盆变小，产道变窄，所以人类生孩子就变得困难。人类的早期祖先，拉密达古猿的脑容量仅有400多毫升，比黑猩猩的脑容量略大一些，远远小于现在人类1300～1600毫升的脑容量，所以那个时候，雌性古猿生产并不像现在人类生产这么困难。随着人类头颅增大，生孩子变得越来越困难，因此人类的基因发生变异或突变，不再像其他草食性哺乳动物直到胎儿发育成熟才生产下来，而是在胎儿未发育成熟，骨骼尚未愈合时，就被生下来，以适应人类女性产道的狭窄，避免分娩造成母体死亡。

人类生产的小孩子，都属于“早产儿”，小孩子的骨骼没有完全愈合，有305块骨头，远远高于成年人206（或204）块骨头。这是人类进化的又一例证。

人类母亲之所以怀孕9个月产下“早产儿”，更主要的原因是母亲不能为9个月大的胎儿提供足够的营养。

因为人类生下的孩子是早产儿，所以母亲必须照看抚育孩子很长一段时间。即便如此，人类女性生孩子仍然要比其他动物困难得多。

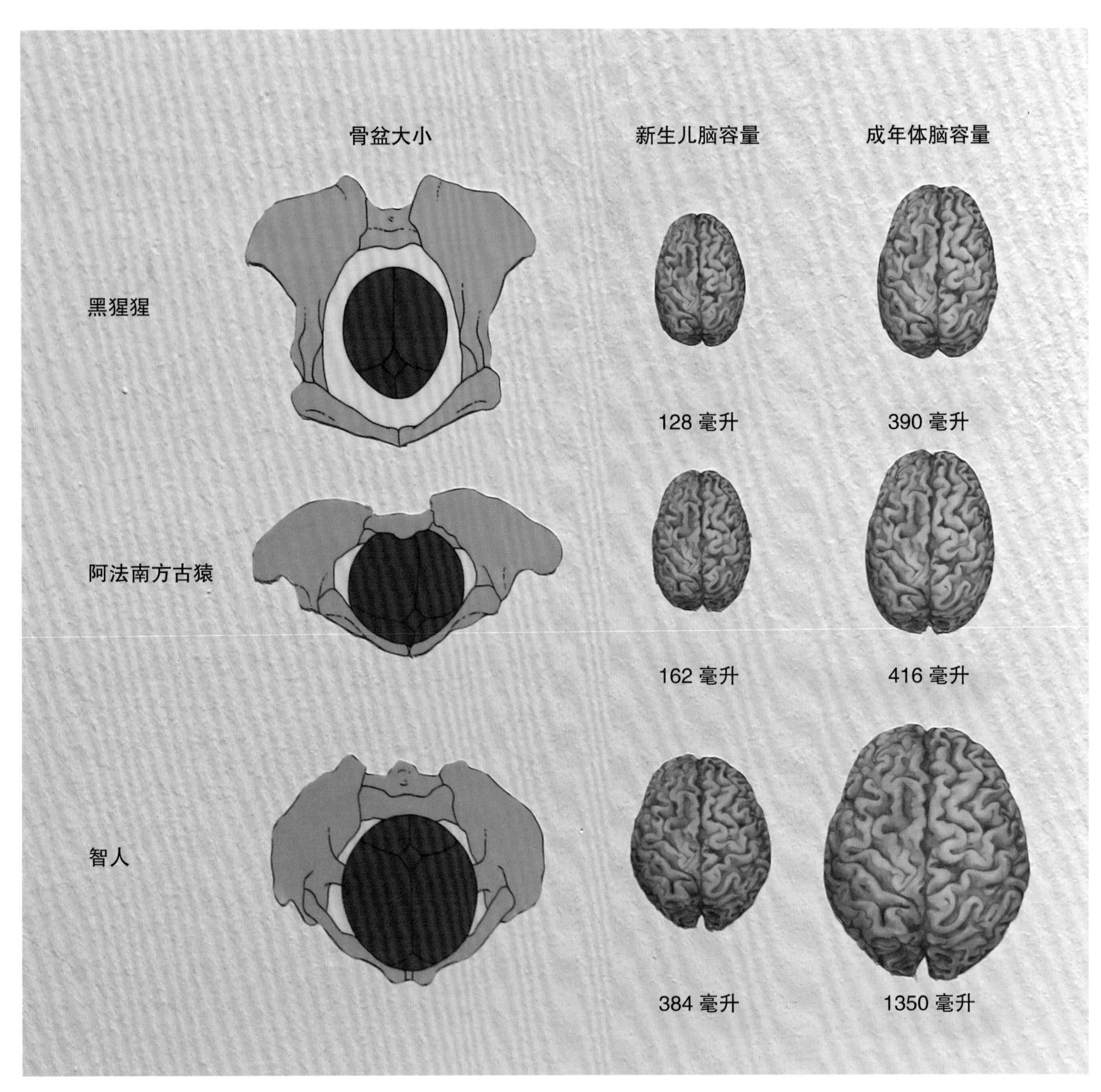


骨盆大小与脑容量对比示意图

## 13.2
# 最早和最原始的哺乳动物

摩尔根兽复原图

吴氏巨颅兽头颅化石及复原图

最早的哺乳动物出现在晚三叠世—早侏罗世，体形很小，身长只有几厘米，体重不足10克，它们也都是最原始的卵生哺乳动物，形态很像老鼠，尖嘴巴，圆眼睛，小耳朵，小脑袋，长胡须，有5趾，细长尾巴，主要以昆虫、蚯蚓为食，仍保留爬行动物的残余构造，最具代表性的是出现在欧洲的摩尔根兽和中国的吴氏巨颅兽。

### 摩尔根兽——最早的哺乳动物

摩尔根兽（*Morganucodon*）是地球上目前发现的最早哺乳动物的代表。随后慢慢发展起来的整个哺乳动物大家族，都是在摩尔根兽的身体特征的基础上一步步分化、演变而来。可以说，摩尔根兽代表了整个哺乳动物大家族，甚至包括我们人类的祖先类型。

摩尔根兽出现于2.05亿年前的欧洲，化石大部分发现于英国的威尔士。在中国也发现过它们的化石，名为奥氏摩根齿兽。摩尔根兽体形小巧，犹如小型的老鼠，纤细的下颌显然属于哺乳动物类型。但是摩尔根兽的下颌内侧有一条沟，依然保留了一点点方骨－关节骨的残余，说明它起源于爬行动物。其牙齿是哺乳动物类型的，有小的门齿，具有单个的大而锐利的犬齿，以昆虫、蚯蚓为食。摩尔根兽是恒温动物，听觉和嗅觉灵敏，是夜行性动物，视觉稍差，辨色能力很弱，发育乳腺，仍是卵生哺乳类。

1985年，在中国云南省禄丰地区发现了原始的哺乳动物——吴氏巨颅兽，特征像摩尔根兽，是现代哺乳动物最具血缘关系的亲戚。吴氏巨颅兽生活于1.95亿年前，大脑相对较大，进化的中耳有了独立的听小骨，全身长着短毛。其体重只有2克，身长32毫米，头盖有12毫米长，是已知最小的中生代哺乳动物。

## 侏罗纪—白垩纪哺乳动物

哺乳动物最早出现在晚三叠世，到晚侏罗世，哺乳动物开始出现多样化，体形明显增大，但很少超过 1 米，体重不过千克，著名的有真贼兽类、柱齿兽类等。迄今最早的胎盘哺乳动物是晚侏罗世的中华侏罗兽。

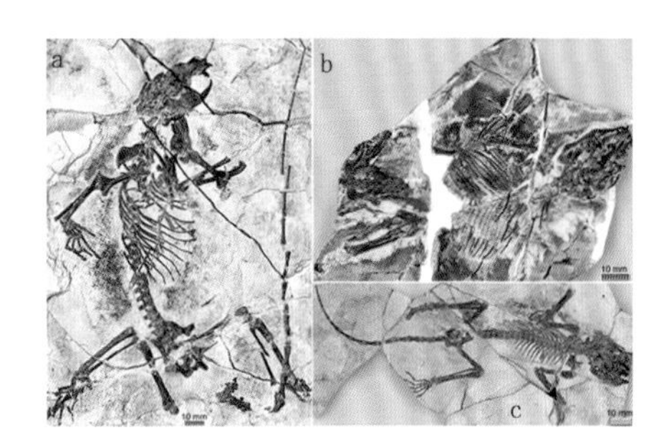


**真贼兽化石**

图为生活在 1.6 亿年前的神兽、仙兽化石，a 为陆氏神兽，b 为玲珑仙兽，c 为宋氏仙兽（图片由中科院古脊椎动物与古人类研究所提供，拼版照片）。这些化石分别被收藏在中科院古脊椎动物与古人类研究所、河北唐山自然博物馆、北京自然博物馆、辽宁济赞堂化石博物馆和武夷山博物馆。

**真贼兽生态复原图（神兽，上；仙兽，下）**

神兽、仙兽属贼兽类，有陆氏神兽（*Shenshoului*）、玲珑仙兽（*Xianshoulinglong*）和宋氏仙兽（*Xianshousongae*），小型哺乳动物。生活在 1.6 亿年前的晚侏罗世，化石发现于中国辽宁省建昌县玲珑塔地区。体形如松鼠，体重 40 ~ 300 克。骨骼纤细，最典型特征是它们的四肢都有短的掌骨和长的指（趾）骨，用以抓握树枝，长的尾巴可以缠卷，具有典型的树栖特征。杂食性，食物以昆虫、坚果和水果等为主。它们脚上具有与鸭嘴兽类似的毒刺。（源自中科院毕顺东、王元青和孟津等人）

欧亚皱纹齿兽化石及复原图

欧亚皱纹齿兽（*Rugosodon eurasiaticus*），属哺乳动物纲多瘤齿兽目保罗科菲特兽科的一个新属新种，生活在1.6亿年前的晚侏罗世。化石发现于中国辽宁省葫芦岛市建昌县玲珑塔大西沟，由中国地质科学院地质研究所袁崇喜等人研究并命名。

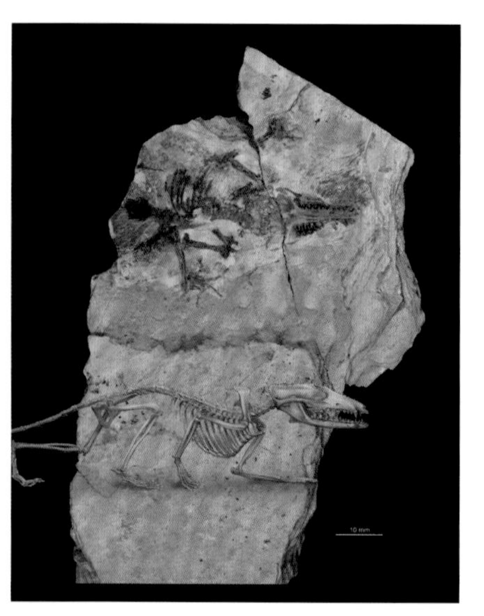

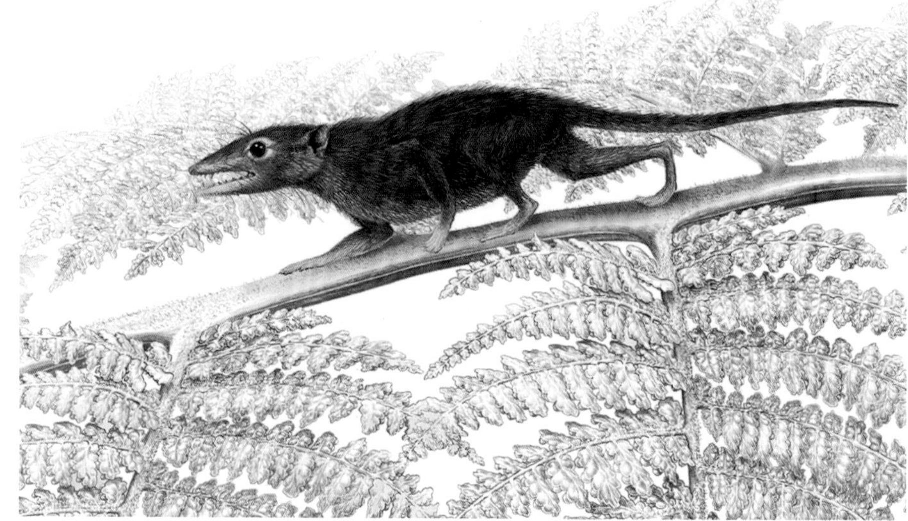

中华侏罗兽化石及复原图

中华侏罗兽（*Juramaia sinensis*），属哺乳纲真兽亚纲，是胎盘哺乳动物类。生活于晚侏罗世，约1.6亿年前。中华侏罗兽体重约13克，具有攀爬能力，是一种树上生活的食虫哺乳动物。化石发现于中国辽宁省建昌县玲珑塔地区，由中国地质科学院地质研究所季强发现，正型标本收藏于北京自然博物馆。

攀援灵巧柱齿兽（树枝上）和短指挖掘柱齿兽（水中）生态复原图

攀援灵巧柱齿兽（*Agilodocodon scansorius*），是哺乳动物的基干支系之一，是已知最早的树栖型哺乳动物。生活在距今1.65亿年前，化石发现于中国内蒙古自治区宁城。攀援灵巧柱齿兽具有特殊的身体结构造，具有攀援功能，适合生活在树上，特殊的牙齿可吸食树汁树液。

短指挖掘柱齿兽（*Docofossor brachydactylus*），是已知最早的地穴型哺乳动物。生活在距今1.6亿年前，化石发现于中国河北省青龙县。短指挖掘柱齿兽前肢骨骼强壮，其手爪骨呈铲形，膨大，扁平，横宽，伸长，具有很好的挖掘功能，适合地穴生活。以蠕虫昆虫为食。

（孟庆金博士、季强博士研究成果）

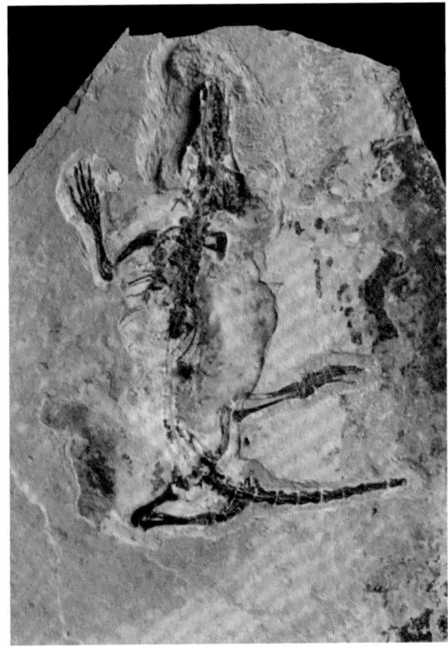

攀援灵巧柱齿兽（正型标本收藏于北京自然博物馆）

短指挖掘柱齿兽正型标本

强壮爬兽生态复原图

强壮爬兽（*Repenomamus robustus*），三尖齿兽目。生活在早白垩世，化石发现于中国辽宁省北票地区，躯干较长，四肢短而粗壮，半直立状行走，有点像袋獾。肉食性，甚至以鹦鹉龙为食。

巨爬兽复原图

巨爬兽（*Repenomamus giganticus*），生活在早白垩世，化石发现于中国辽宁省北票地区，体长 1 米，肉食性，以恐龙为食。

西氏尖吻兽化石及复原图

西氏尖吻兽（*Akidolestes cifellii*），属对齿兽目。生活在早白垩世，化石发现于中国辽宁省凌源地区。小型兽类，体长 12 厘米。肉食性，以昆虫和蠕虫为食。

中华毛兽复原图

中华毛兽（*Maotherium sinensis*），属对齿兽目。生活在早白垩世，化石发现于中国辽宁省北票地区。小型兽类，体长 15 厘米，生活在温热的丛林中，以昆虫为食。

金氏热河兽化石及复原图

金氏热河兽（*Jeholodens jenkinsi*），属三尖齿兽目。生活在早白垩世，化石发现于中国辽宁省北票地区。大小如鼠，体长仅 15 厘米，生活在森林地表，以昆虫为食。

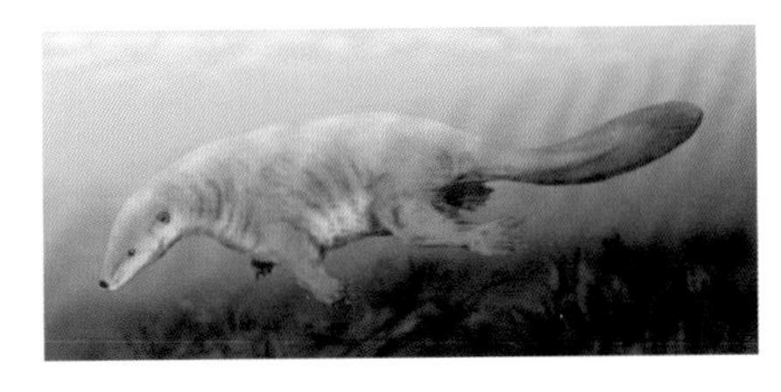

獭形狸尾兽复原图（Nobu Tamura）

獭形狸尾兽（*Castorocauda*），属哺乳形动物，是一种细小及半栖息在水中的动物。生活于中侏罗世，化石发现于中国辽宁省。其外观类似现今的半水栖哺乳动物，如河狸、水獭及鸭嘴兽等。

陆家屯弥曼齿兽复原图

陆家屯弥曼齿兽（*Meemannodon lujiatunensis*），属三尖齿兽目。生活在早白垩世，化石发现于中国辽宁省北票地区。体形如强壮爬兽。生活在森林中，肉食性动物。

凌源中国俊兽复原图

凌源中国俊兽（*Sinobaatar lingyuanensis*），多瘤齿兽。生活在早白垩世，化石发现于中国辽宁省凌源地区。小型哺乳动物，以植食为主的杂食性动物。

五尖张和兽生态复原图

五尖张和兽（*Zhangheotherium quinquecuspidens*），属对齿兽目。生活在早白垩世，化石发现于中国辽宁省北票地区。主要生活在地上，也可爬树。以昆虫为食。

沙氏中国袋兽生态复原图

沙氏中国袋兽（*Sinodelphys szalayi*），属后兽次亚纲。生活在早白垩世，化石发现于中国辽宁省凌源地区。小型兽类，体长 15 厘米。可以在树丛中攀援，动作敏捷，以昆虫为食。

胡氏辽尖齿兽生态复原图

胡氏辽尖齿兽（*Liaoconodon hui*），属三尖齿兽目。生活在早白垩世，中等大小，体长约 36 厘米，具有明显分化的门齿、犬齿和臼齿，可能捕食昆虫。胡氏辽尖齿兽的下颌已经开始转变为哺乳动物中耳的听小骨，填补了哺乳动物中耳形成的一个重要环节。哺乳动物比其他脊椎动物对声音更为灵敏，因此进化出敏锐的听力，有助于夜间活动。

## 现代卵生哺乳动物——最原始的哺乳动物

现代卵生哺乳动物是最原始的哺乳动物，现代只有鸭嘴兽和针鼹，分布在澳大利亚的东部、塔斯马尼亚岛和新几内亚岛。它们的肛门、尿道及产道没有分开，只有一个泄殖腔。与其他哺乳动物一样都是恒温动物。

卵生哺乳动物仍保留爬行动物的最明显特征，即靠产羊膜卵来繁殖后代。与大多数鸟类一样，卵生哺乳动物的幼崽由母亲依靠自身的体温孵化出来。孵化出来的幼兽靠吸食母乳长大。鸭嘴兽每次产卵 2 ~ 3 枚，像鸟类一样孵化，一般 10 天后幼仔被孵化出来。母体没有乳房和乳头，由鸭嘴兽腹部两侧皮肤上的乳腺分泌乳汁，幼仔就伏在母兽腹部上舔食。6 个月大的小鸭嘴兽就能开始独立生活，自己到河床底觅食。

卵生哺乳动物是爬行动物向哺乳动物进化的关键过渡物种，有极高的科学意义，历经千万年，既未灭绝，也少有进化，始终在“过渡阶段”徘徊，充满了神秘感。卵生哺乳动物的主要特征有：（1）成年个体没有牙齿，有角质鞘；（2）下颌退化，齿骨仅有一个冠状突的残迹，没有角突；（3）大脑皮层不发达，无胼胝体，听泡消失；（4）雄兽踝部有毒腺；（5）只有一个泄殖腔；（6）双子宫与双阴道，没有愈合，发育不全；（7）有卵壳腺，产具弹性卵壳的多黄卵；（8）没有乳头，但有乳腺，为特化的汗腺，位于腹部两侧的“乳腺区”；（9）雄兽体外无阴囊，仅有一个小的阴茎位于泄殖腔内，阴茎顶部分叉，没有阴茎骨，睾丸始终在腹腔内。

针鼹

针鼹是最原始的卵生哺乳动物之一。先将卵产在育儿袋内，每次产卵一枚，孵化。针鼹的幼仔刚从卵里孵出时，长不过 12 毫米。它们舔食母兽毛上从乳腺流出的很浓的浅黄色乳汁。具强大的挖掘能力，以白蚁或无脊椎动物为食。

鸭嘴兽在水中游泳

雄性鸭嘴兽

鸭嘴兽，最早出现于 2500 万年前，是最著名的原始卵生哺乳动物之一，尾巴扁而阔，前、后肢有蹼和爪，适于游泳和掘土，雄性鸭嘴兽踝部有毒腺。成年鸭嘴兽体长 40 ~ 50 厘米，雌性重 700 ~ 1600 克，雄性重 1000 ~ 2400 克。鸭嘴兽是游泳能手，用前肢蹼足划水。鸭嘴兽穴居在水边，以蠕虫、水生昆虫、蜗牛、软体虫和小鱼虾等为食。习惯于白天睡觉，夜晚活动。

## 最早发现的有胎盘的哺乳动物——攀援始祖兽

攀援始祖兽（*Eomaia scansoria*），生活在1.3亿年前的早白垩世，化石发现于我国辽西凌源地区，是目前已知的最早有胎盘哺乳动物，关于其化石研究成果曾发表在2002年的《自然》杂志上。2011年又发现了生活在1.6亿年前的中华侏罗兽化石，将胎盘哺乳动物的进化史前推到了晚侏罗世。

**攀援始祖兽化石及生态复原图**

攀援始祖兽，一种类似于鼩鼱的动物，属真兽亚纲食虫目。小型兽类，体长16.5厘米，体重200～250克，长着长长的毛茸茸的尾巴，牙齿小而尖锐，以昆虫为食。古生物学家季强、罗哲西等进行了研究并命名。

# 第六次生物大灭绝事件：拉开了哺乳动物大繁盛和灵长类进化的序幕

6500万（或6600万）年前，一颗直径约10千米，质量约为20000亿吨的小行星碎片，以每秒约20千米的速度，飞越大西洋，撞击在墨西哥湾尤卡坦半岛，引发了第六次（通常说的第五次）生物大灭绝事件，这也是最为著名的大灭绝事件。撞击形成的陨石坑——希克苏鲁伯陨石坑，直径有193千米，深达32千米。

小行星爆炸形成一个炙热的火球，温度高达1万摄氏度，使得方圆近1000千米的生物灰飞烟灭。科研人员经过模拟估算出，这颗小行星撞击产生的能量相当于100亿颗广岛原子弹爆炸的威力，抑或是10～11级地震的能量。

撞击引发了地震和海啸，致使火山大规模喷发，火山灰形成的云层厚达几千米，遮天蔽日，全球温度急剧下降，持续了数十年时间，藻类、森林死亡，食物链被破坏，大批的动物因饥饿而死，约有75%～80%的物种灭绝，导致陆地恐龙，海龙类、楯齿龙类、幻龙类、蛇颈龙、沧龙类等海生爬行动物和空中飞行的翼龙类灭绝。这也是地球历史上发生的最近一次生物大灭绝事件，也称白垩纪末期生物大灭绝事件。

这次生物大灭绝事件之后，小型的陆生哺乳动物依靠残余的食物勉强为生，还有飞翔于蓝天的鸟类，它们终于熬过了最艰难的时日，到了6000多万年前脊椎动物开始了大繁荣。从此迎来了哺乳动物的繁荣和多样化，即开启了“哺乳动物时代”。

小型哺乳动物呈多样性发展，个体由小变大。约5500万年前，地球上出现了最早灵长类阿喀琉斯基猴，它的出现拉开了灵长类进化的序幕。

一种形似鼩鼱的动物，体重不足500克，长着长尾巴，以昆虫为食。它出现在6480万年前，是恐龙等灭绝后最早出现的胎盘类哺乳动物，也许是包括人类、啮齿类、鲸类等哺乳动物的祖先。

哺乳动物生态复原图（侯连海等）

## 13.3 已经灭绝的哺乳动物

在哺乳动物时代，出现了很多我们现在看不到的、已灭绝了的哺乳动物。有大家比较熟悉的真枝角鹿、洞熊、中爪兽、鬣齿兽、雕齿兽类等。

### 真枝角鹿

真枝角鹿（*Eucladoceros*），又名真枝角兽、偶蹄兽。生活在700万—1万年前。在我国发现了目前世界上最早的上新世早期的真枝角鹿化石，到了更新世，真枝角鹿广泛分布于欧洲、中东及中亚地区。

真枝角鹿是大型植食性动物，身长2.5米，肩高约1.8米，鹿角呈树枝状，有10多支，宽达1.7米，十分壮观。真枝角鹿是最先有大型复杂鹿角的鹿。

真枝角鹿生态复原图

真枝角鹿头部化石

洞熊化石

洞熊复原模型

中爪兽复原图

鬣齿兽化石

## 洞熊

洞熊（*Ursus spelaeus*）体形巨大，雄性洞熊的体重可达 1134 千克，雌性则要小很多，典型的洞熊头骨长约 40 厘米。草食性动物，主要以草及浆果为食，有时也吃蜜糖，部分洞熊是杂食者，而且很凶猛。生活在 30 万—1.5 万年前，广泛分布于亚欧大陆。

洞熊与棕熊和北极熊有较近的亲缘关系，而与黑熊等关系较远。

## 中爪兽、鬣齿兽

中爪兽（*Mesonyx*），又名中兽或钝肉齿兽，属中爪兽科。形似狼，大小如狗。生活于始新世中期，约 4500 万年前，化石发现于美国怀俄明州及东亚。四肢灵活，善于奔跑，可能捕食植食性动物。不过中爪兽没有爪，趾上有细小的蹄。

鬣齿兽（*Hyaenodon*），又名肉齿兽、熊狗，属鬣齿兽科。鬣齿兽是高度专化的掠食者，出现于始新世晚期，约 4100 万年前，直到 2100 万年前灭绝。化石分布在亚洲、北美洲、欧洲和非洲。肩高 1.4 米，身长 3 米以上，重 500 千克。颈部比头颅骨短，身体长而粗壮，有很长的尾巴。其外观很像现今的鬣狗，但有更尖锐的牙齿，可能猎食如羊般大小的动物。

鬣齿兽生活于山区与苔原地区，通常是三五成群一起捕猎，是一种有毅力的群体狩猎者，也是一种非常聪明的掠食者，在捕猎前，它们会权衡利弊，避免冒险。夜间不断地嚎叫。通常情况下鬣齿兽会避免战斗，当

鬣齿兽狩猎复原图

发现虚弱的或受伤的，或垂死的猎物，以及有新鲜的尸体时，鬣齿兽会变得极具攻击性。

星尾兽复原图

## 雕齿兽、星尾兽

雕齿兽（*Glyptodon*），属食蚁兽类，植食性，体长 3 ~ 3.3 米，体高 1.3 ~ 1.5 米，甲壳长 1.2 米，有乌龟一样的外壳，生活在 2000 万—6000 年前的南北美洲，200 多万年前巴拿马地峡隆起，将南美洲与北美洲连接在一起，雕齿兽才出现在北美洲南部。

雕齿兽有一条管状尾巴，尾巴的末端有厚角质化刺，犹如一条带刺的粗棒，是很好的防卫利器，可以有效防御肉食动物的攻击。

星尾兽（*Doedicurus*），属雕齿兽科，植食性。星尾兽是雕齿兽的近亲，生活于 200 万—1.5 万年前，分布于美洲。星尾兽是雕齿兽科最大的一个种群，身高达 1.5 米，体长约 3.6 米，雄性体重 600 ~ 700 千克，雌性体重 400 ~ 500 千克。星尾兽身体覆盖有大而圆的甲壳，类似于现今的犰狳。它有一条 1 米多长的尾巴，尾巴由灵活的骨鞘包围，只有雄性的尾巴末端长有狼牙一样的长刺，是有效的防御武器，也可能用于种群内的争斗。

雕齿兽生态复原图

## 象的演化图

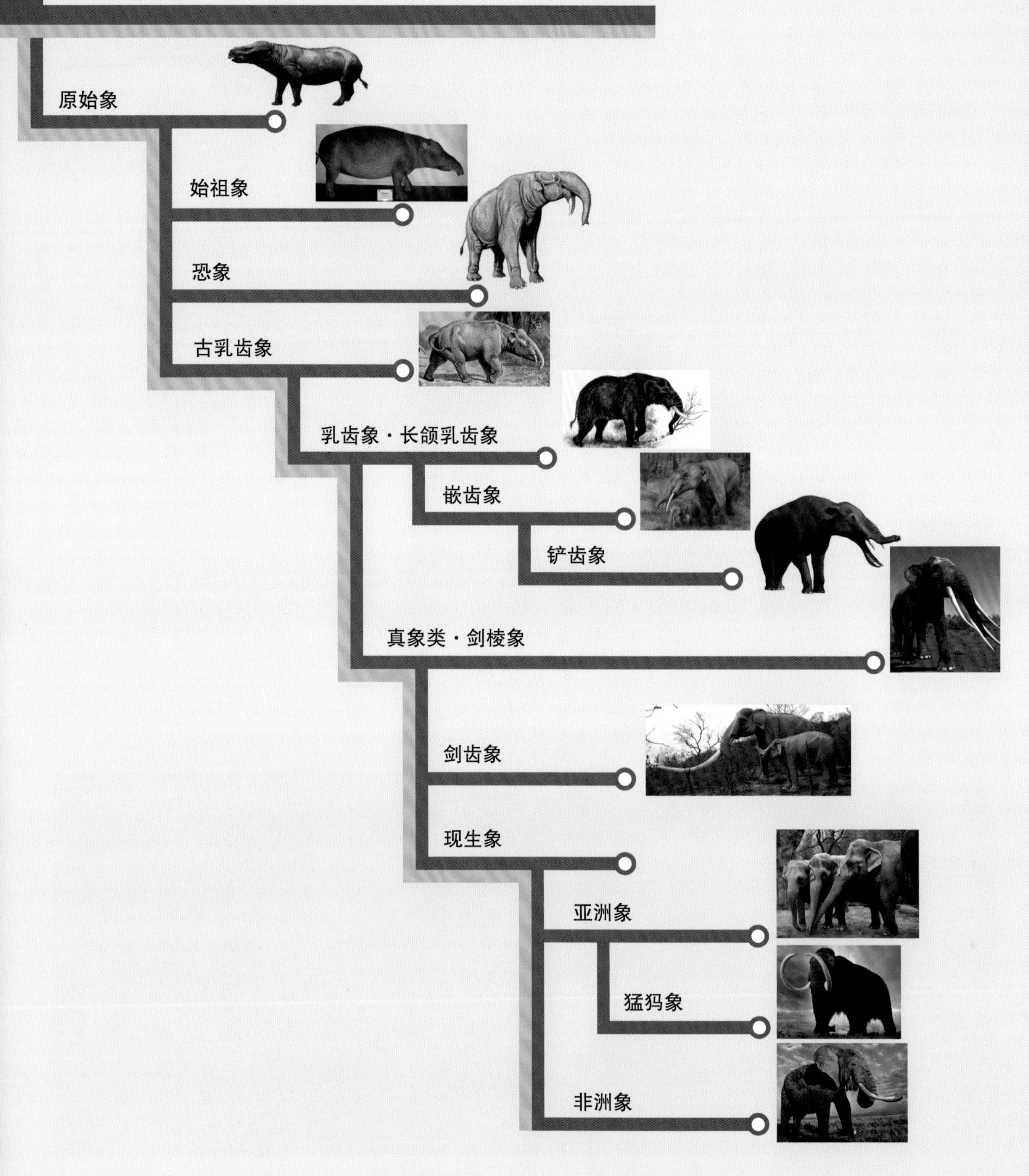

# 13.4
# 象的演化史

## 原始象

原始象（*Eritherium azzouzorum*），现在非洲象和亚洲象的最古老祖先，个头不大，像只大兔子，体长约50厘米，重约5千克。原始象是已知最古老的长鼻目动物。头骨化石发现于非洲北部的摩洛哥东部盆地的古—上新世地层中。原始象的最明显特征是其两颗下排前牙从下颌伸出来，与当时的其他动物的牙齿很不一样，这正是现代大象长牙的雏形。

原始象大约出现在6000万年前，当时非洲与亚欧大陆还没有接合，两者之间处于隔离状态，植被繁茂，生物独立进行演化，因而，原始象在恐龙灭绝后不久就演化出来了。原始象化石的发现意义重大，说明在著名的白垩纪末期生物大灭绝事件之后500万年，生命进化就进入了哺乳动物繁盛期，原始象是最先崛起的哺乳动物之一。

与原始象亲缘关系最近的磷灰象复原图

6000万年来的大象家族

始祖象

恐象骨骼化石

## 始祖象

始祖象（*Moeritherium*），也称莫湖兽，属长鼻目始祖象科。生活在4700万年前。体高近1米，以植物为食。始祖象身体笨拙，大小同现今的河马，趾端有扁平的蹄。始祖象没有长鼻子，也没有长长的象牙，只是上唇稍大些，上下颌的第2对门齿也稍大些。始祖象有时候像河马一样生活在水中，眼睛和耳朵位于头部很高的地方，便于露出水面观察四周情况。科学家当初发现始祖象的化石时，发现其具有现代大象的一些特征，认为它是象的祖先，所以将其命名为“始祖象”。实际上，始祖象是长鼻目进化史上的一个旁支，而不是象的真正祖先。

## 恐象

恐象（*Deinotherium*），属象形长鼻类，其与原始象的亲缘关系更近，生活于1600万—80万年前，分布于亚洲、非洲和欧洲地区。雄性

恐象复原图

恐象生态复原图

恐象肩高近5米，体重超过15吨。恐象的上颌没有獠牙，而下颌长有一对很大而且下弯的獠牙。臼齿的特征是有2～3道横向脊骨（齿脊），用来切割植物，前臼齿可以咬碎食物。

恐象身高腿长，很适合在开阔地带长途迁徙，长的獠牙可以刨挖植物的根部及块茎，或是推倒树木来吃树叶，或是剥开树皮来吃等。恐象不会结成大规模的象群。

古乳齿象复原图

## 古乳齿象

古乳齿象（*Palaeomastodon*），属长鼻目象科。生活在3600万—3500万年前，化石发现于非洲。古乳齿象是象或乳齿象祖先，是始祖象的近亲。

古乳齿象有上下象牙及长长的象鼻，比始祖象更具象的特征。上颌前端第二门齿向前下伸出，形成大象牙，下颌前端也有两个水平伸出的大象牙，较扁平。身高1～2米，比始祖象大一倍，体重约2吨。

## 乳齿象

乳齿象（*Mammut*），属长鼻目。生活在2000万—200万年前，由古乳齿象进化而来。乳齿象类身高2.5～3米，已分化为长颌与短颌两种类型，分布于亚洲、非洲、欧洲和北美洲。长颌乳齿象包括嵌齿象，短颌乳齿象包括轭齿象。地球上已知的乳齿象种有始乳齿象、美洲乳齿象、剑乳齿象以及中国乳齿象。

乳齿象生态复原图

## 嵌齿象

嵌齿象生态复原图 1

嵌齿象（*Gomphotherium*），又名三棱齿象或四偏齿象，属长鼻目嵌齿象科。生活于2000万—200万年前，分布于欧洲、北美洲、亚洲和非洲，主要生活在树林、河流、湖泊地区。

嵌齿象是长颌乳齿象的基础型，体形近似长颌乳齿象，体高约3米。下颌伸长，生长着一对并列的象牙，上颌的象牙向下前方伸出。上门齿相当长大，向下、向外稍弯曲；下颌联合部因长成喙嘴状，嵌在两侧上门齿中间，故名嵌齿象，下门齿微向下弯曲，横切面趋向扁平。嵌齿象的上象牙被一层牙釉质所覆盖。嵌齿象的头颅骨较现今大象的头颅骨长而低。与早期的长鼻目比较，嵌齿象只有很少的臼齿，臼齿上有3道脊用来增加摩擦面，齿脊上有乳状突起。拥有复杂的齿柱结构，齿冠很高，有丰富的白垩质（磷酸钙），适合研磨食物。颈部较灵活，长有和现今大象一样灵活的长鼻。

嵌齿象生态复原图 2

## 铲齿象

铲齿象（*Platybelodon*），属长鼻目嵌齿象科，由嵌齿象演化而来，生活在1000多万—400万年前，是一种高度特化的长颌乳齿象。铲齿象下颌极度拉长，其前端并排长着一对扁平的下门齿，形状恰似一个大铲子，故得名铲齿象。铲齿象当时广泛分布于欧洲、亚洲、非洲等各个大陆，数量众多，但后来全部灭绝。最新研究显示，铲齿象可能长有和现代象一样的狭长鼻子，可能以下颌和鼻子配合拉扯植物进食，而不是靠下颌铲取水生植物，因为铲齿象生活在比较干旱的地区，而不是生活在草原的沼泽地区。

铲齿象生态复原图

剑棱象生态复原图

## 剑棱象

剑棱象（*Stegotetrabelodon*）是真象类最早的祖先，生活在2000万—530万年的中新世。剑棱象可能源于非洲，由某种长颌乳齿象进化而来，后来迁徙到欧洲和亚洲。其上颌齿与下颌齿明显变长。剑棱象的臼齿齿冠不高，齿脊间距较宽，齿脊数目较多。真象类包括剑齿象、非洲象，以及亚洲象与猛犸象。

## 剑齿象

剑齿象（*Stegodon*），属长鼻目真象科剑齿象亚科，生活于1200万—100万年前的亚洲和非洲。头骨比真象略长，腿也较长，上颌的象牙既长且大，向上弯曲；下颌短，没有象牙；颊齿齿冠较低，断面呈屋脊形的齿脊数目逐渐增加；进化晚期的剑齿象，第三臼齿齿脊数多达10条以上。

最大的剑齿象体长9米多，高4～5米，体重约12吨，中国常见有东方剑齿象，生活在热带及亚热带沼泽和河边的温暖地带，以草食为主，

剑齿象骨骼化石

剑齿象复原模型

是继恐龙之后的“巨无霸”。

1973 年 11 月，在我国甘肃省合水县板桥公社境内的马莲河畔，发掘出一具剑齿象化石，它是目前世界上发现的个体最长，保存最完整的剑齿象化石，高 4 米，长 8 米，门齿长 3.03 米，被命名为黄河剑齿象，简称“黄河象”。

## 非洲象

非洲象（*Loxodonta*），属长鼻目象科，包括非洲草原象和非洲森林象。大约在 730 万年前或更早从真象那里分离出来。成年非洲雄象高约

非洲象

3.5米，最高可达4.1米。体重4 ~ 5吨，最重可达10吨。

非洲象是现今陆地上最大的哺乳动物，生活在森林、开阔草原、草地、刺丛以及半干旱的丛林地带。非洲象无论雌雄，都长有一对大象牙，而亚洲象只有雄性长有一对大象牙；非洲象的耳朵是亚洲象的2倍大。

非洲象喜欢群居，一般20 ~ 30只组成一个家族群。首领为雌象，家族成员大多是首领的后代，雄象在群体中没有地位，长到15岁时就必须离开群体，只有在交配期间才偶而回到群体中。群体中有严格的等级制度，行动时要按照地位高低排序，无论吃喝、交配和走路都秩序井然，群体中的成员之间通常都十分和平、友好。

亚洲象

猛犸象骨架

## 亚洲象

亚洲象（*Elephas maximus Linnaeus*），别名印度象、大象或亚洲大象，属长鼻目象科，大约在480万年前与猛犸象从真象那里分离出来。

亚洲象是亚洲现存最大的陆生动物，象牙1米多长，雄象上颌突出口外的门齿，也是强有力的防卫武器。象眼小，耳朵大。四肢粗大强壮，前肢5趾，后肢4趾。尾短而细，皮厚多褶皱，全身被稀疏短毛。体长5～6米，身高2.1～3.6米，体重达3～5吨。平均寿命为65～70岁。喜群居，每群数只、数十只不等，雄象性成熟后会离群独处。小象由母象和家族成员一同照顾。

亚洲象栖于亚洲南部热带雨林、季雨林及林间的沟谷、山坡、稀树草原、竹林及宽阔地带。亚洲象在早、晚及夜间外出觅食，主要食用草、树叶嫩芽和树皮。亚洲象具有很强的记忆力及报复性，会长途跋涉去寻找水源。

## 猛犸象

猛犸象（*Mammuthus primigenius*），又名长毛象，生活在480万—4000年前，分布于旧大陆与北美洲北部寒冷地带。猛犸象最早出现在480万年的非洲，与亚洲象一样，都是从真象祖先演化来的。其中一部分猛犸象走出非洲迁徙到亚欧大陆，演变出南方猛犸象和草原猛犸象，后来，草原猛犸象向欧洲与西伯利亚地区迁徙，大约在80万年前，演化出真猛犸象，后来的猛犸象是由真猛犸象进化而来的。最后一批西伯利亚猛犸象在4000年前灭绝，被视作一个冰川时代结束的标志。

猛犸象曾经是世界上最大的象之一。体长约6米，高约4米，体重8～10吨。有粗壮的腿，脚生四趾，头大。其中，母猛犸象象牙1.5～2米，公猛犸象象牙平均长2.2～2.5米，个别的超过3米。身上披着金、红棕、灰褐色的细密长毛，皮很厚，具极厚的脂肪层，最厚可达9厘米。夏季以草类和豆类为食，冬季以灌木、树皮为食，喜欢群居。

猛犸象复原图

## 犀牛演化图

犀貘（5600 万—3400 万年前）

无角犀

跑犀（5600 万年前）

巨犀（3000 万年前）

两栖犀（5600 万年前）

副跑犀（3300 万年前）

大唇犀（2500 万—1200 万年前）

单角犀

板齿犀（180 万—1 万年前）

印度犀（现生）

爪哇犀（现生）

黑犀牛（现生）

白犀牛（现生）

双角犀

非洲双角犀

亚洲双角犀

披毛犀（180 万—1 万年前）

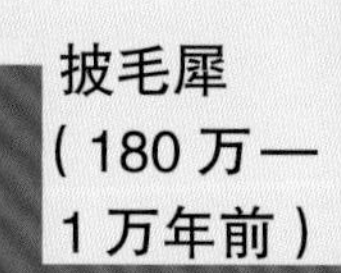

苏门答腊犀（现生）

## 13.5
# 犀牛的演化史

犀牛（*Dicerorhinus*），属哺乳类犀科，现有 4 属 5 种。犀牛是世界上最大的奇蹄目动物，栖息于开阔的草地、稀树草原、灌木林或沼泽地，分布于非洲和亚洲的温暖地区。夜间活动，独居或结成小群。不同种类食性不一，以草类为主，或以树叶、嫩枝、野果、地衣等为食物。寿命 30 ~ 50 年。

犀牛相貌丑陋，体肥笨拙，体长 2.2 ~ 4.5 米，肩高 1.2 ~ 2 米，体重 2 ~ 5 吨。四肢呈短柱状，前后均有 3 趾，行走或奔跑速度较快；皮厚粗糙，肩腰等处呈褶皱状，毛被稀少而硬，甚或无毛；头大而长，颈短粗，长唇延长伸出，尾细短，耳呈卵圆形，头两侧长有一对小眼睛，视力不佳。无犬齿；身体呈黄褐、褐、黑或灰色。根据犀牛吻部上方是否长角和角的数目，分为无角犀、单角犀和双角犀。

**跑犀生态复原图**

## 尤因它兽

尤因它兽（*Uintatherium*），又名恐角兽，属于早期蹄类哺乳动物中的恐角类。它是4500万年前陆地上出现的最早的超大型哺乳动物，因化石发现于北美洲的尤因它山区而得名。体长4米，肩高1.6米，体重约4.5吨，比白犀牛稍大，脚趾似貘，大腿比小腿长。体形酷似犀牛，但与犀牛没有亲缘关系。

尤因它兽生活在始新世中期，它们因气候的改变或与雷兽的竞争而灭绝。

尤因它兽生态复原图

## 雷兽科

雷兽科（Brontotheriidae），属奇蹄目，生存于5600万—3400万年前。虽然外表酷似犀牛，但它可能是马的近亲。鼻端有两个像角的奇异突出物，雷兽的角是由额骨及鼻骨组成的，且并排排列而非前后排列。

最早的雷兽是兰布达兽，早始新世出现于北美，其大小与狼相近，体型比较轻巧；有细长的四肢和脚，前脚4趾，后脚3趾，善于奔跑。

北美洲是雷兽类的进化中心，大约从2300万年前开始，雷兽多次经由白令海峡扩散到亚洲，或更远的东欧。

2019年，在我国宁夏回族自治区灵武市首次发现了雷兽牙齿化石。

犀貘生态复原图

## 犀貘

犀貘（*Hyrachyus*）是一类古老的奇蹄目貘科动物，身长0.7～1米。生活在始新世（5600万—3400万年前）时的欧洲、亚洲和北美洲。

据最新研究发现，貘最先出现，犀牛是由貘进化来的。早期代表为犀貘，关于犀貘的地位，一直存在争议，但有越来越多的人把它看作是最原始的犀牛。

犀牛主要有3个演化分支。第一支是跑犀类，第二支是两栖犀，最后一支是犀类动物。

## 跑犀

跑犀（*Hyracodon*），出现于5600万年前（始新世）的北美洲，并向亚欧大陆扩散。体长约1.5米，高约75厘米。与其祖先相比，跑犀骨骼更加轻巧，腿更加细长，善于奔跑，所以跑犀更像其远方亲戚——马。

## 巨犀

跑犀类动物中的一支在3000万年前演化成史上最大的陆上哺乳动物——巨犀。

巨犀（*Paraceratherium*）是无角犀，生活在亚洲的高加索到中亚，

雷犀复原图

巨犀复原图

巨犀骨骼化石

以及蒙古一带，主要有三支：巨犀、副巨犀和准噶尔巨犀，其中天山副巨犀、天山准噶尔巨犀是知名的大型物种。它们肩高达 5.5 米，体长约 8 米，头部仰起高度达 7.5 米，体重 15 ~ 20 吨，最重可达 30 吨，是当时最高最重的陆生哺乳动物。

巨犀主要靠吃乔木枝叶为生。门牙高度特化，只剩上下各一对，门牙突出，呈锥子状，形似小型的象牙。它有一个灵活的上唇，可以用于咬住树枝。

## 两栖犀

犀牛后来演化出一支另类，即水陆两栖生活的两栖犀，两栖犀（*Amynodontidae*）最早出现在始新世（5600 万—3400 万年前）的北美洲，并向亚欧大陆扩散。

两栖犀生态复原图

副跑犀生态复原图

两栖犀的体形和生活习性与现代河马相似，四肢粗短，身躯巨大，长有大獠牙，生活在河畔。

## 副跑犀

副跑犀是犀类最早期的代表，生活在渐新世（3400万—2300万年前）的北美洲。

从副跑犀开始，无角犀在北美洲蓬勃发展，成为北美洲的大型植食性动物。与副跑犀相比，无角犀下门牙更加突出，可以抵御天敌。无角犀善于奔跑。

在无角犀发展的同时，有角的犀牛也独树一帜，角并不是骨头的一部分，而是类似毛发一样的皮肤衍生物，角脱落后仍能复生。

中新世（2300万—533万年前）是犀牛的鼎盛期，无论是在北美洲还是在欧洲、亚洲，都占据重要地位。但是在530万年前，欧亚犀牛却大量灭绝，北美犀牛完全绝迹。

## 大唇犀

大唇犀（*Chilotherium*），属于无角犀，生存于2500万—1200万年前的中新世，化石发现于中国、蒙古国。大唇犀的下唇比上唇大，下颌骨呈铲子状。上颌没有门齿，下颌的

大唇犀复原图

门齿阔大，并且向上弯。头部比现今的犀牛稍大，头颅骨没有角。大唇犀身形矮小，四肢短小，每肢有3趾。大唇犀是草食性的动物，生活于沼泽地带。但不知什么原因，大唇犀很快就灭绝了。

## 披毛犀

约在1500万年前，双角犀由亚欧大陆上的无角犀演化而来，并在欧洲、亚洲、非洲广泛分布。双角犀分为两支，一支是亚洲双角犀，另一支是非洲双角犀。

亚洲双角犀中最古老的分支一直残存至今，为了躲避严寒，它们向南迁徙，最后到达印度、中南半岛、苏门答腊岛和加里曼丹岛，形成了今天的苏门答腊犀。苏门答腊犀是现存最古老的犀牛之一，最早出现在1500万年前。苏门答腊犀生活在密林中，身形不断矮化，身高只有1.2米，体重仅有600多千克。现存的非洲白犀牛和黑犀牛都属于非洲双角犀。

披毛犀（*Coelodonta antiquitatis*）是亚洲双角犀中最著名的物种，

披毛犀生态复原图

生活在更新世（180万—1万年前）冰期时期，披毛犀身上披满长毛，用来抵御严寒。它的两只角很扁，好像一长一短的两把军刀，一前一后排列。身高达到3.7米。与猛犸象一起生活在寒冷的西伯利亚荒原上，二者最终都未能度过这次冰期。

### 板齿犀

板齿犀（*Elasmotheres*）是由无角犀演化来的，只有一个长角，长约2米，从额头延伸到鼻尖，体长最大超过8米，身高约3.5米，体重最大超过8吨。与披毛犀生活在同一个时期。

最著名的有西伯利亚板齿犀和高加索板齿犀，它们可能是由古板齿犀

板齿犀复原图

非洲黑犀牛

非洲白犀牛

印度犀牛

爪哇犀牛

进化而来。门牙已经完全退化，而臼齿却非常适合吃草。唇部发达，可以把草攒成一团再拉断。板齿犀身被长毛，适合北方严寒的气候。但在最后一次冰期时灭绝。

### 现代犀牛

第三类犀牛就是由无角犀进化出的单角犀牛，如亚洲单角犀，大约出现在 2500 万年前，一直繁衍到今天，今天的印度犀和爪哇犀就是它们的后裔。

另一类是双角犀，包括非洲的白犀牛和非洲的黑犀牛，以及亚洲的苏门答腊犀牛。

这些犀牛都是极度濒危的物种。其中以黑犀牛数量最多，也只有 2 万只左右，最少的为爪哇犀牛，目前只剩 50 只了。

2018 年 3 月 19 日，世界上最后一头雄性白犀牛“苏丹”在肯尼亚去世。

苏门答腊犀牛

## 马的演化图

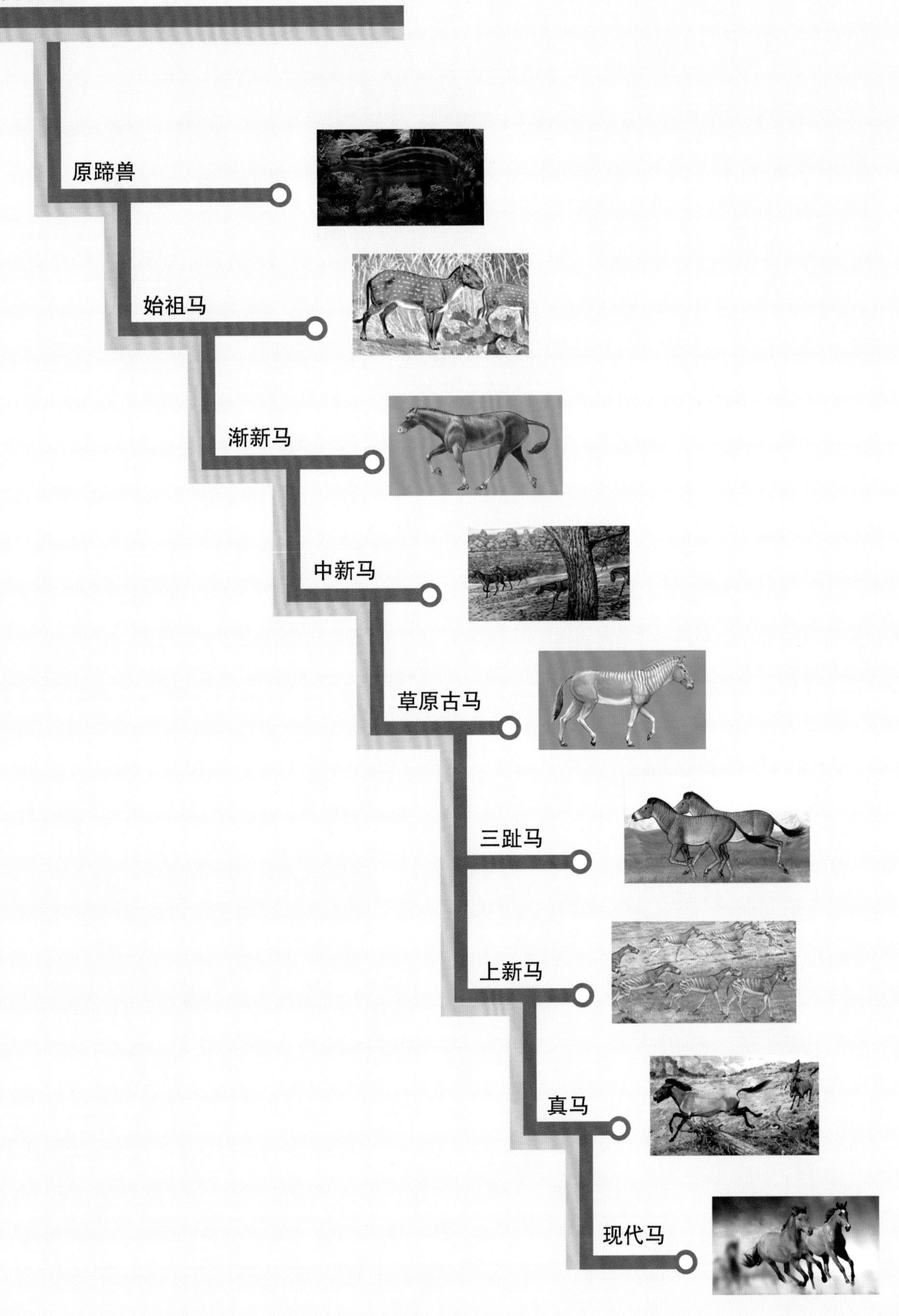

## 13.6
# 马的演化史

6500万年前，地球上发生了第六次生物大灭绝事件，统治地球长达1.7亿年的恐龙、会飞的翼龙，以及称霸海洋的沧龙、蛇颈龙等从此销声匿迹。500万年后，哺乳动物开始爆发式增长，蓬勃发展，成了地球的统治者，其中就有人类的朋友——马。马属哺乳动物纲真兽亚纲奇蹄目马科，马的祖先是始祖马，起源于北美洲，并集中在北美洲演化发展，然后迁徙到世界各地。

### 马的演化趋势

（1）体形由小变大，身体趋向流线型。

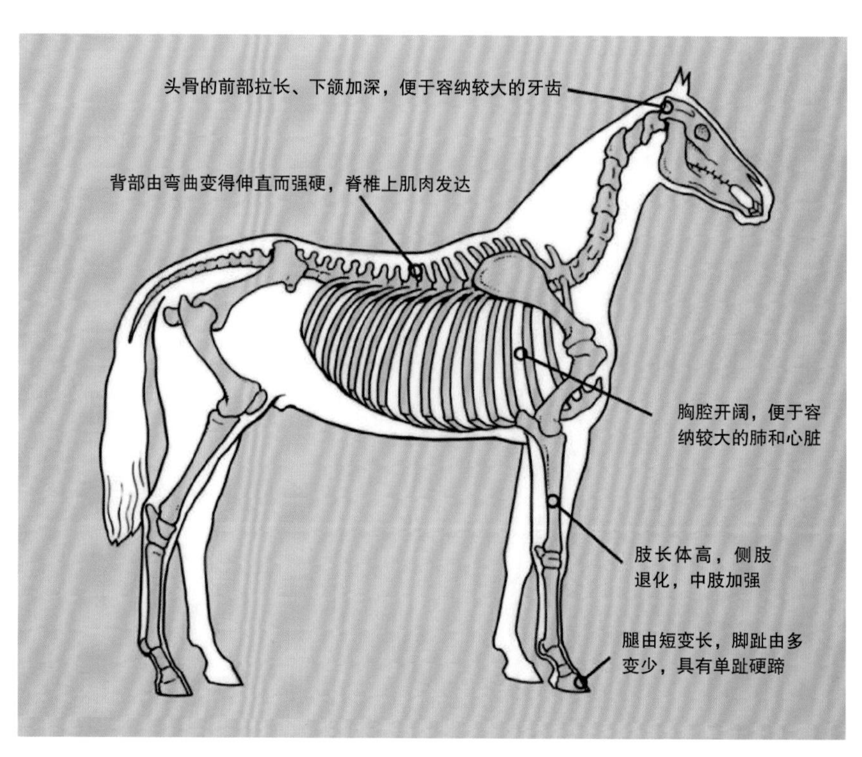


马的演化趋势示意图

（2）腿由短变长，脚趾由多变少，具有单趾硬蹄，适应开阔草原奔跑的生活。

（3）肢长体高，侧肢退化，中肢加强。

（4）背部由弯曲变得伸直而强硬，脊椎上肌肉发达，有利于人类舒适地骑乘。

（5）胸腔变得开阔，便于容纳较大的肺和心脏；体积较大的肺和心脏，有助于马高强度地快速奔驰。

（6）门齿变宽，前臼臼齿化，牙冠由低变高；从食用树叶变为食草。

（7）头骨的前部拉长，眼前的颜面部伸长，下颌加深，便于容纳较大而高冠的槽齿，有利于咀嚼草。

（8）脑袋增大并趋向复杂化，变得聪明，故有“马通人性”之说。

## 原蹄兽

原蹄兽（*Phenacodus*），属裸节目，起源于6000万年前新生代古新

原蹄兽生态复原图

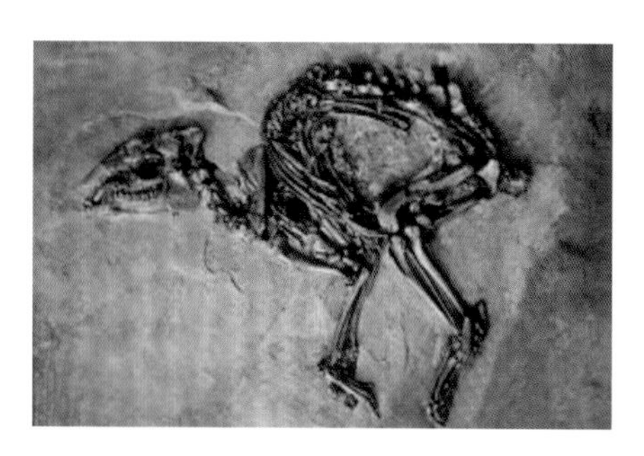

始祖马化石

世中期，是马类动物最原始的潜在祖先，也许是始祖马的祖先。背上拱，头部和尾巴都很长，四肢短而笨重，行走缓慢，常在森林或热带平原上活动，以植物为食。

原蹄兽体形矮小，四肢均有5趾，中趾较发达。

## 始祖马

始祖马（*Hyracotherium*），又称始新马，是已灭绝的古代哺乳动物，属奇蹄目古兽马科。始祖马生活在5600万年前，前肢低，后肢高，牙齿简单，适于热带森林生活。进入中新世以后，干燥草原代替了湿润灌木林，马属动物的机能和结构随之发生明显变化：体形增大，四肢变长，成为单趾；牙齿变硬且变得复杂。经过始祖马、渐新马、中新马、草原古马和上新马等进化阶段的演化，到1.8万年前的更新世才进化成现代马。

始祖马生活在北美洲森林里，往来于灌木丛中，呆头呆脑，行动不太敏捷，这时候的始祖马还不是草原动物。后来也出现在欧洲和亚洲。

始祖马生态复原图

其外形类似狗，体长平均60厘米，肩高仅25厘米，主要以树叶、水果及坚果为食物。大脑及其前叶很小。弓腰、短脖、短嘴、短腿，长着细长的尾巴。四肢细长，靠脚趾行走，前肢仅有4趾，第一趾退化。后肢3趾，第一和第二趾退化。齿系完全，3个门齿，1个很短的犬齿，臼齿呈方形，牙冠较短。脚已经发育成蹄子，有脚垫无爪子。另有中华原古马，生活在5000万前，比始祖马稍进化一些。

渐新马复原图

## 渐新马

渐新马（*Mesohippus*），生活在4000万—2500万年前，当时气候逐渐变得干旱寒冷，部分森林退化成草原，始祖马慢慢变大形成了渐新马，也称中马。身高接近50厘米，像现代的小羊，背部变得直而硬，前肢少了一只脚趾，与后肢一样变成了3趾，中趾发育。走路时仍然依靠足底的肉垫着地。渐新马还是森林马，主要进食低矮的树叶。

渐新马的特点是大脑明显变大，3颗前臼齿变成了臼齿，牙冠变得尖锐，适于咀嚼坚韧的草。

渐新马生态复原图

中新马生态复原图

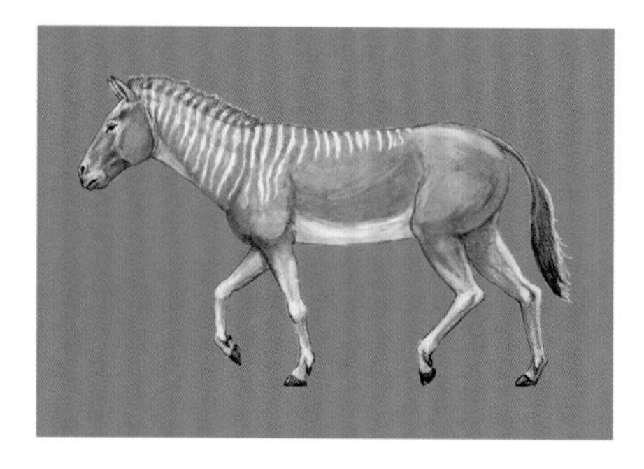

草原古马复原图

渐新马的面部也比始祖马长，眼睛较始祖马更圆，双眼更加分开，臼齿分化明显，臼齿冠更高且尖锐，并有厚厚的一层珐琅质，牙齿冠面更有复杂的褶皱，适宜研磨草料。

## 中新马

中新马（*Miohippus*），又称原马，生活于3200万—2500万年前的北美洲，由渐新马进化而来，与渐新马共同生活了400万—800万年，是适合大草原生活的马。中新马是生活在中新世的一种草原三趾马。体形如羊，较渐新马大，体重40～55千克，但仍比现今的马矮小，背脊硬直。头颅骨长，面部更长，四肢增长，前后足虽然仍分出3趾，但中趾明显增大，约为侧趾的3倍，侧趾已失去了步行的功能。臼齿变为高冠齿，有复杂的皱褶。

中新世气候变得相对湿热，马类体形增大，缓慢演化出几个分支。有些马不适应在湿润森林中生活，来到了阳光充足的干燥草原，体形增大如现代马，进化成草原古马。

## 草原古马

草原古马（*Merychippus*），在 2500 万—1200 万年前，气候更加干燥，草本植物开始繁盛，出现了大面积草原，草原古马应运而生，适应了草原生活。这个时期的马非常繁盛，草原古马仍然有 3 个脚趾，四肢已经变得很有弹力，以脚趾着地行走，并依靠坚韧强有力的脚垫支撑身体，两边的脚趾仍然保持完整，但大小不一，中趾则演变成了大而突起的马掌，马脚变得更长。草原古马演化出的这些特征，既可以适应地表坚硬的草原生活，也更有利于在广阔的草原上驰骋。

## 三趾马

三趾马（*Hipparion*），生活在 530 万—360 万年前，分布于欧亚非旧大陆（欧洲人将哥伦布发现新大陆前，欧洲人已知的欧洲、亚洲、非洲

三趾马复原图（张瑜）

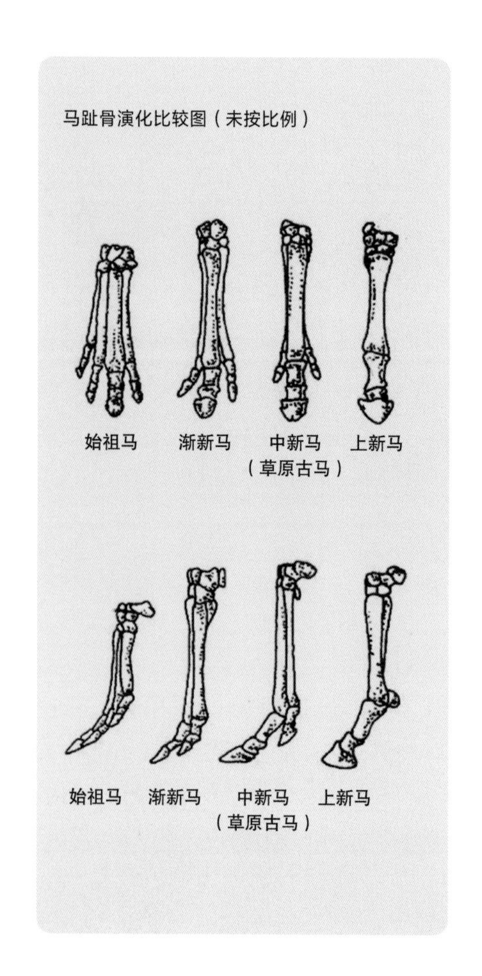

马趾骨演化比较图（未按比例）

称之为旧大陆）和北美洲新大陆，在旧大陆成为优势物种，可以说，在旧大陆上发现的动物群多为三趾马动物群。

三趾马的前后脚趾均是3趾，但只以中趾着地，适于快速奔跑。牙齿高冠，食草，是典型的草原动物。

三趾马体形大小似驴，门齿有凹坑，颊齿呈棱柱状，体高只有真马的一半，上第一前臼齿小，早期脱落。第二前臼齿宽，三角形。比其他颊齿大。三趾马的头骨比真马小而低。

三趾马是马类进化史上的一个旁支，身体结构既有进步特性又有原始特征，它不是真马的直接祖先，与现代的真马没有亲缘关系。在1.8万年前的更新世，三趾马通过中美路桥到达南美洲。

## 上新马

上新马（*Pliohippus*），生活在1200万—300万年前，由草原古马演化而来。体形进一步增大，前后脚只有一个脚趾，是最早的单趾马。体形较大，如驴一般，是典型的草原哺乳动物，适合在广阔的草原上奔跑。臼齿变得更大，高冠齿，牙齿更加进步，趋向于现代马，牙齿长而有复杂褶皱。上新马是现代马的直接祖先。

上新马生态复原图

## 真马

真马，是古生物学上对现代马的称谓。经过第四纪冰川，地球上的森林面积大大缩小，草原和荒漠面积变得更大，生活在 180 万—78 万年前的真马，后来演化成现代马。

真马为适应草原生活，演化出肢长体高，具有单趾硬蹄和流线形的身体。背部平直，四肢高度特化，中趾发达，指甲变成了坚硬的蹄子，掌骨很长，脚趾骨较短，肱骨和股骨很短，桡骨和胫骨很长，尺骨和腓骨均退化，门齿凹坑，高冠齿的咀嚼面更为复杂，适于咀嚼草类。

真马生态复原图

## 现代马

现代马是由真马进化来的，大约在 6000 年前的欧亚草原被驯化，是人类最亲近的朋友之一。擅长奔跑。随着社会的发展，马的用途也发生了根本的变化，现在经常参与体育比赛和娱乐活动。

现代马

## 13.7
# 长颈鹿的演化史

长颈鹿

关于生物进化论，有两种不同的理论观点。一种是拉马克进化论，另一种是达尔文进化论。这里以长颈鹿为例，阐述这两种进化论的区别。

法国生物学家拉马克生于1744年，在1809年，他出版了《动物的哲学》一书。拉马克在总结前人生物进化观点的基础上，首次系统提出了生物进化论的思想，虽然他的生物进化论具有重大的进步意义，否定了神创论观点，但其进化论观点与达尔文进化论却有着本质的区别，有其巨大的局限性。拉马克学说认为，生物是自然界产生的，不是上帝创造的；生物受环境的变化发生变异，而且生物的多样性是由环境多样性造成的；生物的进化是由低级向高级，由简单到复杂进化的；生物的进化是向上发展的，并在各方面进展。拉马克学说的主要内容如下：

一是认为物种之间的进化是连续的，没有明确的界限，物种是相对稳定的；古代物种是现代物种的直接祖先，物种一般不会消灭。

二是认为生物进化的动力是生物的本能以及具有向上发展的倾向；环境的多样性决定了生物的多样性。

拉马克学说有两个最著名的原则：一个是用进废退说，另一个是获得性遗传说。具体来说，就是凡经常使用的器官会发生进化，而经常不用的器官就会萎缩退化，即用进废退；而这些后天获得的性状能够遗传给后代（即获得性遗传），这样经过一代代的积累，就会形成生物的新类型。

拉马克的这两个原则可以以长颈鹿为例来解释。长颈鹿喜欢吃鲜嫩的树叶，为了吃到高处的鲜嫩树叶，它的脖子就一点点伸长，才能吃到越来越高的树叶，久而久之，长颈鹿的脖子就变长了，这就是用进废退原则；长颈鹿这种后天获得的新性状——长脖子，就会遗传给下一代，生下的下一代也是长脖子长颈鹿，这就是获得性遗传。根据现代生物学研究，只有在生物生殖细胞中的DNA中碱基对排序变化时，引起基因突变，在自然选择的作用下，发生优胜劣汰，而且将这种脖子变长的基因传递给下一代，才能代代相传。而单纯身体结构的改变，并不能遗传给下一代。例如，父代经常进行健美训练，形成健美的身材，这并不会遗传给子代，也就是说，生下来的子代，不会天生就像父亲一样具有健美的身材。所以，获得性遗传不完全正确，这已经被遗传学所证明。

达尔文进化论的观点虽然与拉马克学说有一些相似地方，但却有着本质上的区别。

可以说，拉马克是进化论的开拓者，达尔文是进化论的奠基者。

达尔文进化论认为，一是物种是可变的，可以从一个物种进化为一个新的物种，但有一个渐变的过程。

二是所有的物种都来源于同一个祖先。这一点已经被现代分子生物学所证实，因为所有生物都由细胞构成，而细胞中的DNA由碱基对序列组成，碱基对排列次序的不同，序列微小的改变会导致同一物种间的差异，大的差异导致不同物种之间的不同。

三是生物的进化是靠自然选择驱使的，即优胜劣汰，适应性变异，也就是说，动物的一切适应性变化，都是基因变异、自然选择的结果。现代生物学已经证明，微小的基因变异，都会受到自然选择的影响；很弱的自然选择，都非常有效。只有有利于生物生存和繁殖的变异，即好的变异才能够遗传下去；只有适应环境的变异的新物种才能生存繁衍下去。反之，不好的变异就不能遗传下去；不适应环境的新物种就会被淘汰。

四是生物基因变异是普遍的、随机的，受多重因素影响，没有任何方向性和可预见性，而自然选择的结果是适应性变异，但也并非总是由低级向高级进化，由简单向复杂进化。

以长颈鹿进化为例，在长颈鹿群体中，由于某个种群的基因发生突变，出现了有较长脖子的长颈鹿，而只有那些颈部较长的长颈鹿才能够吃到更多鲜嫩而营养丰富的树叶，这样长脖子的长颈鹿比脖子相对短的长颈鹿要魁梧强壮。在哺乳动物中，身强力壮的动物更容易受到雌性的青睐，因而就容易获得更多的交配权，即性选择，其后代就更多，久而久之，长脖子的长颈鹿在群体中越来越占有优势，而吃不到鲜嫩可口树叶的短脖子长颈鹿，身体就会瘦小羸弱，失去更多的交配权，后代会越来越少，长此下去，在自然选择的作用下，最终短脖子长颈鹿就会灭绝，而长脖子长颈鹿就会繁衍兴盛起来。

由此可见，拉马克的进化论与达尔文的进化论有着明显的区别，而且后者已经被细胞生物学、遗传学和分子生物学等现代生命科学所证实，因此，达尔文进化论被认为是当今最伟大的科学之一。达尔文进化论思想的精髓是生物发生基因变异，在自然选择（优胜劣汰）的作用下，只有适应环境的变异物种才能生存下来，即适者生存。也就是“基因突变，自然选择，适者生存”原则。

但是，拉马克对进化论的贡献，我们也应该牢记，拉马克作为进化论的先驱者也值得我们怀念。

拉马克进化论——以长颈鹿为例

1. 两个种群的短脖子的古长颈鹿；其中一个种群由于喜欢吃高处的鲜嫩树叶，拼命伸长脖子。

2. 由于经常伸长脖子，这个种群的古长颈鹿的脖子就被拉长了，即拉马克的“用进废退说”。

3. 古长颈鹿这种后天获得的长脖子新性状，可以遗传给后代，其子孙都是长脖子古长颈鹿（左边），即拉马克的“获得性遗传说”。

4. 在群体中，那个短脖子种群的长颈鹿吃不到高处的嫩叶，最终灭绝，只留下长脖子的古长颈鹿种群。

5. 就这样，经过千万年，不断进化出现在的长颈鹿种群。

6. 拉马克进化论认为，生物进化是自然向上的、有方向性的，总是从低级到高级，由简单到复杂进化。

现在分子生物学和遗传学证明，拉马克的进化论观点是错误的。

## 达尔文进化论——以长颈鹿为例

1. 有两个种群的短脖子古长颈鹿。

2. 其中一个种群，由于基因发生随机性突变，脖子变长（基因突变），长成了长脖子的古长颈鹿；这样在古长颈鹿群体中，就出现了差异化，出现了长脖子古长颈鹿和短脖子古长颈鹿种群。

3. 由于长脖子长颈鹿种群能吃到高处鲜嫩的树叶，长得体格壮硕，从而得到了其他长颈鹿的青睐而获得更多交配权——这叫性选择（自然选择），其长脖子的血脉得以延续。

4. 在自然选择的作用下，长脖子长颈鹿的基因遗传给后代，并不断加强。吃不到高处树叶的短脖子长颈鹿，变得体弱瘦小，在群体中难得青睐，获得的交配权就少，甚至根本得不到交配权，最终走向灭绝。

5. 久而久之，在群体中，长脖子的长颈鹿的子孙就会越来越多，占据优势，最终演变成现代的长颈鹿，这就是适者生存的进化法则。

6. 达尔文的进化论认为，基因突变是随机性的，不具方向性，所以，生物的进化并不一定有方向性，进化也不总是由简单到复杂，由低级到高级，而是适者生存。

现代生物学和遗传学已经证明达尔文的进化论是完全正确的。

古长颈鹿复原图

## 古长颈鹿

古长颈鹿（*Palaeotragus*），又名古鹿兽或古麟，是大型的原始长颈鹿，生存于2300万—1100万年前。体形较小，四肢和颈较短，肩高不足2米，生活于森林中，史前时期分布较广泛。在我国的华北和西北地区曾发现过古长颈鹿的化石。

古长颈鹿是长颈鹿的祖先，在中新世早期（2300万—1600万年前）长有短角、短脖子；到中新世晚期（1100万—530万年前）古长颈鹿进化为萨摩兽；在上新世（530万—180万年前），萨摩兽有两个演化分支，一支是霍加狓，另一支是最早的现代长颈鹿。现生的霍加狓是古长颈鹿亚科的唯一代表物种，保留着很多原始特征，分布于非洲刚果东部的热带雨林中。

古长颈鹿骨骼化石（天津自然历史博物馆）

### 现生长颈鹿

长颈鹿（*Giraffa camelopardalis*），拉丁文名字的意思是“长着豹纹的骆驼”，是一种反刍偶蹄动物，也是现存最高的陆生动物。成年长颈鹿站立时由头至脚身高 6 ~ 8 米，体重约 700 千克；具斑点和网纹型花纹，额宽，吻尖，耳大，头顶有 1 对骨质短角；颈特别长，约 2 米；体较短，四肢高而强健，前肢略长于后肢，蹄阔大；尾短小，尾端有黑色簇毛；牙齿为低冠齿，不能以草为主食。往往用细长的舌头取食高处的树叶和小树枝。现生长颈鹿有 9 个亚种，都生活在热带、亚热带的稀树草原上。

现生长颈鹿

## 13.8 大熊猫的演化史

始熊猫想象图

大熊猫的共同祖先是古食肉类动物，大约出现在 2600 万年前的渐新世。古食肉类生有“两兄弟”，即早期的似熊类和古浣熊类。在约 1200 万年前的中新世晚期，古浣熊类直接演化为现今北美洲的浣熊类。大熊猫具有典型食肉动物的特征，在生物学上，大熊猫也是肉食性哺乳动物，它有肉食动物的牙齿，肠道短，没有复胃，缺发达的盲肠。

早期的似熊类动物，大约在 1200 万年前的中新世晚期分别演化出始熊类、始熊猫类和早期小熊猫类“三兄弟”。“老大”始熊类在约 180 万年前的更新世演化为真熊类，即今天的熊科动物，熊科又分为两个亚科，一个是眼镜熊亚科，有现在的眼镜熊；另一个是熊亚科，则包括黑熊、棕熊、美洲黑熊、北极熊、灰熊和马来熊等。而“老三”早期小熊猫，直接演化成现今小熊猫残留下来。

只有“老二”始熊猫朝着特殊的方向演化为独特的大熊猫科。始熊猫的主支演化为大熊猫属，并成为“活化石”，在深山密林和竹丛中生活到现在。始熊猫就是现在大熊猫的祖先。

在 800 万年前的中新世晚期，中国云南禄丰一带处于热带潮湿森林的边缘，生活着大熊猫的祖先——始熊猫。始熊猫被认为是中国大地上

现生大熊猫

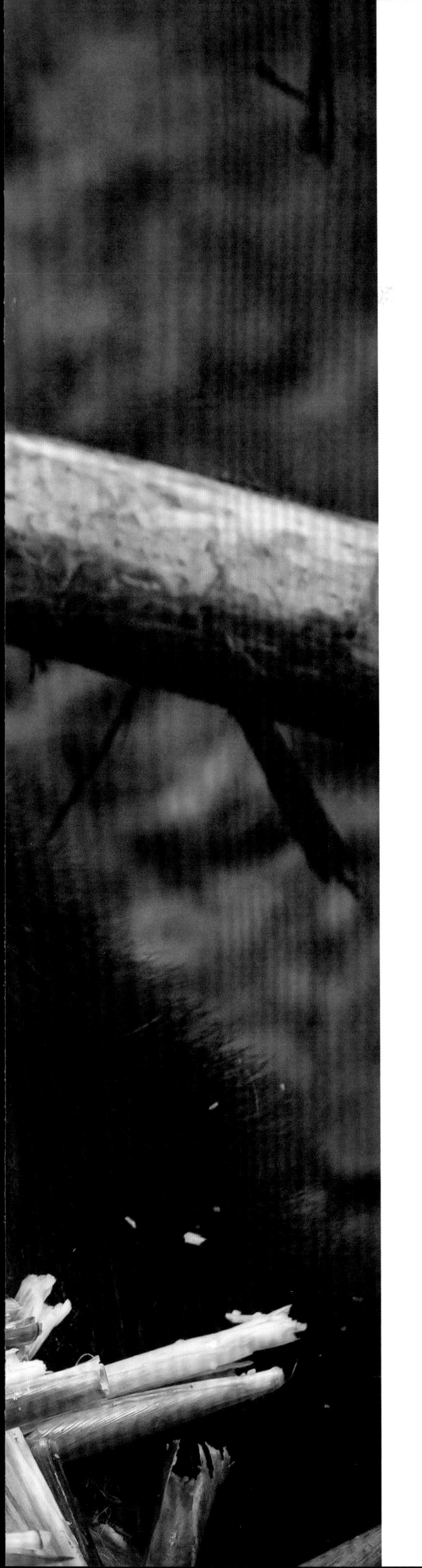

的第一只“大熊猫”。

始熊猫的一个主要分支在我国的中南部演化为大熊猫类，其中一种体形较小的小型大熊猫出现在约300万年前的上新世中期，只有现生大熊猫的一半，像一只肥肥胖胖的狗。根据其被发现的牙齿化石研究推测，这种小型大熊猫（古生物命名为大熊猫小种）已进化成为兼食竹类的杂食兽，此后又经历了约200万年的演化，开始向亚热带潮湿森林迁徙，并取代始熊猫广泛分布于云贵川一带。以后大熊猫适应了亚热带竹林生活，体形逐渐增大，70万—50万年前的更新世中晚期，大熊猫进入鼎盛时期，依赖竹子为生。

约1.8万年前的第四纪冰期之后，大熊猫衰落，与此同时其他大型哺乳动物，如剑齿象、剑齿虎等灭绝。北方的大熊猫也销声匿迹，南方的大熊猫分布区也大大缩小，进入历史的衰退期。大熊猫现在主要分布在中国青藏高原东缘，长江上游海拔2400～3500米山系东南季风的迎风面地区，这里气候温湿、竹林生长茂盛，给大熊猫提供了丰盛的食物，是它们的理想聚居地。

研究显示，熊猫基因组中一个能感受食物鲜度的基因失活，导致熊猫品尝不出肉类的鲜味。熊猫改吃竹子的重要原因是大约在400多万年前，其生活环境发生了骤然改变，大多数动物突然死去，熊猫找不到肉食，而恰好竹子丰富，就逐渐进化成以竹子为食。时间久了，基因突变，不能感知肉的鲜味，从此对肉不再感兴趣。

科学家们在大熊猫的基因组里发现10个假基因，这些基因看起来跟真的一样。其中有两种TAS1R1基因（这种基因使得肉食动物可以尝到肉的鲜味）都已经变成了假基因，所以，大熊猫从食肉动物变成了杂食性动物，并最终变成食竹子的动物。大约在400万年前，大熊猫的这两个基因发生了突变，从此，失去了对肉的感觉，不再吃肉。但竹子的营养十分匮乏，需要不停地吃，所以，一只成年大熊猫，每天可吃20千克的竹子把肚子撑得滚圆。改吃竹子的大熊猫，也改变了其禀性，给人憨态可掬，十分卖萌的样子，受到世界各国人的喜爱。但熊猫有时也会拍死一些小动物，解解馋。

在动物进化史上，大熊猫可谓佼佼者，在生存环境发生突变的情况下，及时适应环境，由食肉改吃竹子，大熊猫由此才幸存下来，所以熊猫是进化的成功者。

## 13.9
# 猫科动物的演化史

猫科动物在渐新世末期首次登台亮相，最先出现的是一种小型食肉动物，叫始猫。它生活于3000万—2500万年前的亚欧大陆，体形只比现今的家猫稍大，像马岛狸一样擅长跳跃。

始猫（*Proailurus*），也叫原小熊猫，是猫科动物的祖先，约在1500万年前（中新世中期）灭绝。始猫是一种小型食肉动物，体重约9千克，尾巴很长，眼睛大，牙齿尖锐，趾爪锋利，很可能栖息于树上。始猫的后代约在2000万年前演化出假猫。假猫是现代猫科动物最近的共同祖先。

假猫（*Pseudaelurus*）是一种食肉目猎猫科动物，头骨短圆，裂齿（具有牙尖的臼齿，用于撕裂猎物皮肉）特别发达，犬齿粗大扁长，其他颊齿退化。分布于欧洲和北美洲。假猫体形纤细短小，类似于现生的猞猁，四肢像灵猫科，可灵活攀树。在1850万年前首先进入北美洲，并于1150万年前灭绝。而亚欧大陆的假猫一直存活到了800万年前（也有研究者认为北美的假猫是原小熊猫从旧大陆迁徙过来后进化而成）。

最近，分子生物学研究表明，现存的所有猫科动物，都是约1100万年前生活在亚洲的某种假猫的后代。

假猫后来有三个后代，剑齿虎亚科、豹亚科和猫亚科。

### 剑齿虎亚科

在假猫之后兴盛起来的剑齿虎亚科（Machairodontinae）很可能就是由假猫进化而来的，它又可以分为后猫族、剑齿虎族、锯齿虎族、刃齿虎族四个大类（目前剑齿虎族和锯齿虎族可能已经合并）。

#### 后猫族

浮渡剑齿虎（*Pontosmilus*）是最早出现的后猫族成员，存在于2000万—900万年前的亚欧大陆。稍后出现了石猫、管猫、后猫、恐猫、吉

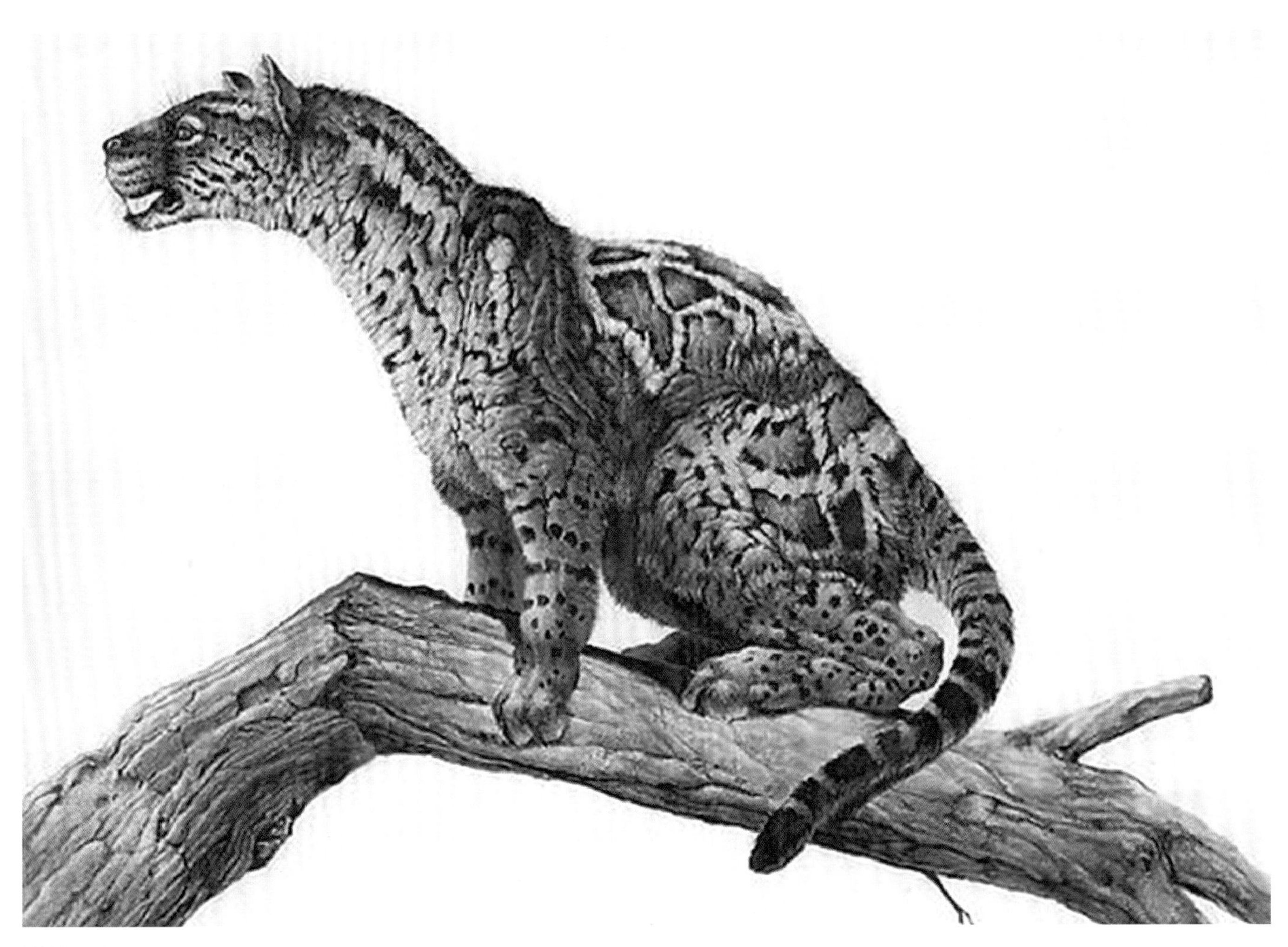

始猫复原图

假猫生态复原图

大后猫假想图

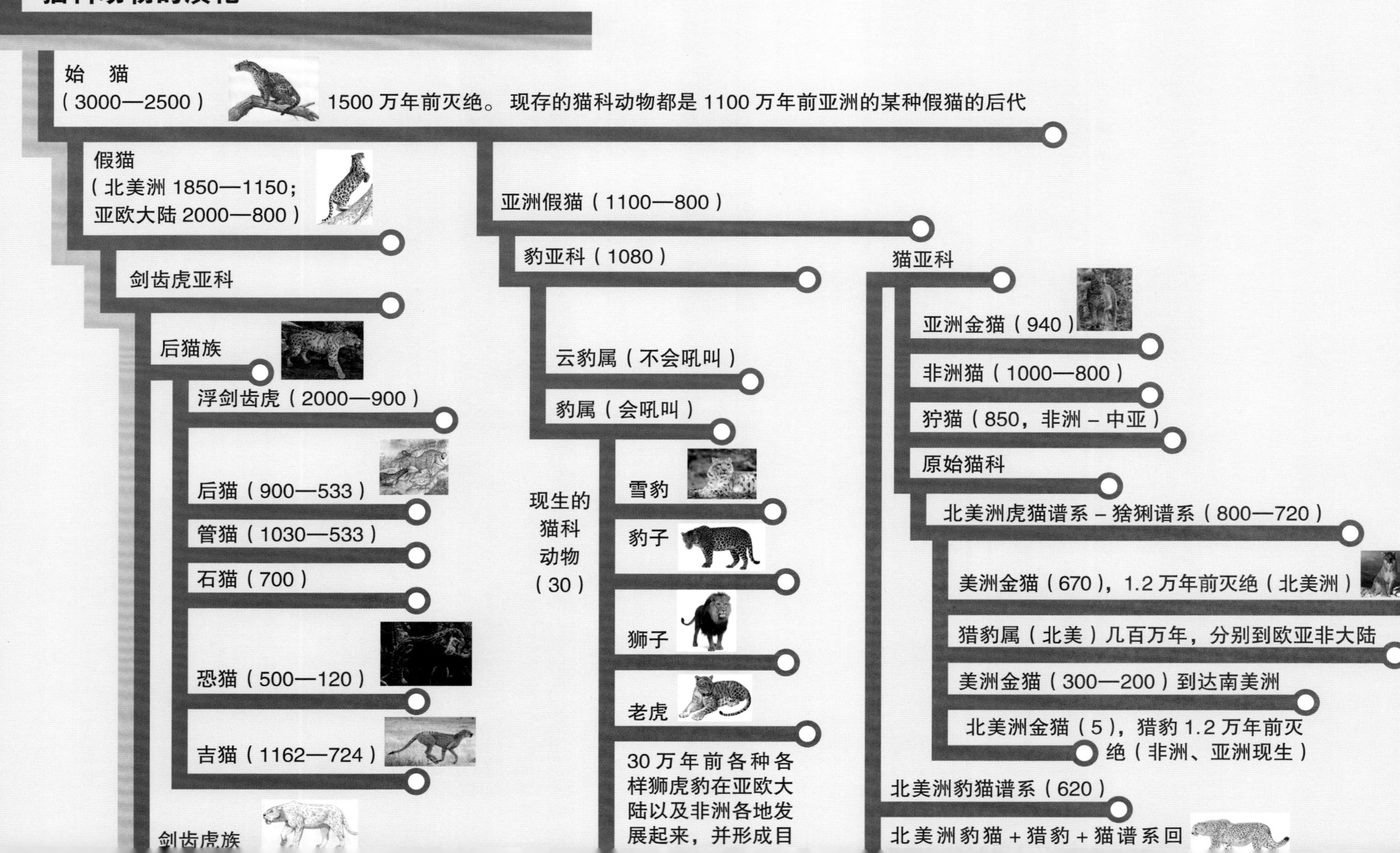
猫科动物的演化
始　猫
（3000—2500）
1500 万年前灭绝。现存的猫科动物都是 1100 万年前亚洲的某种假猫的后代
假猫
（北美洲 1850—1150；
亚欧大陆 2000—800）
剑齿虎亚科
后猫族
浮剑齿虎（2000—900）
后猫（900—533）
管猫（1030—533）
石猫（700）
恐猫（500—120）
吉猫（1162—724）
剑齿虎族
亚洲假猫（1100—800）
豹亚科（1080）
云豹属（不会吼叫）
豹属（会吼叫）
现生的猫科动物（30）
雪豹
豹子
狮子
老虎
30 万年前各种各样狮虎豹在亚欧大陆以及非洲各地发展起来，并形成目
猫亚科
亚洲金猫（940）
非洲猫（1000—800）
狞猫（850，非洲－中亚）
原始猫科
北美洲虎猫谱系－猞猁谱系（800—720）
美洲金猫（670），1.2 万年前灭绝（北美洲）
猎豹属（北美）几百万年，分别到欧亚非大陆
美洲金猫（300—200）到达南美洲
北美洲金猫（5），猎豹 1.2 万年前灭绝（非洲、亚洲现生）
北美洲豹猫谱系（620）
北美洲豹猫＋猎豹＋猫谱系回

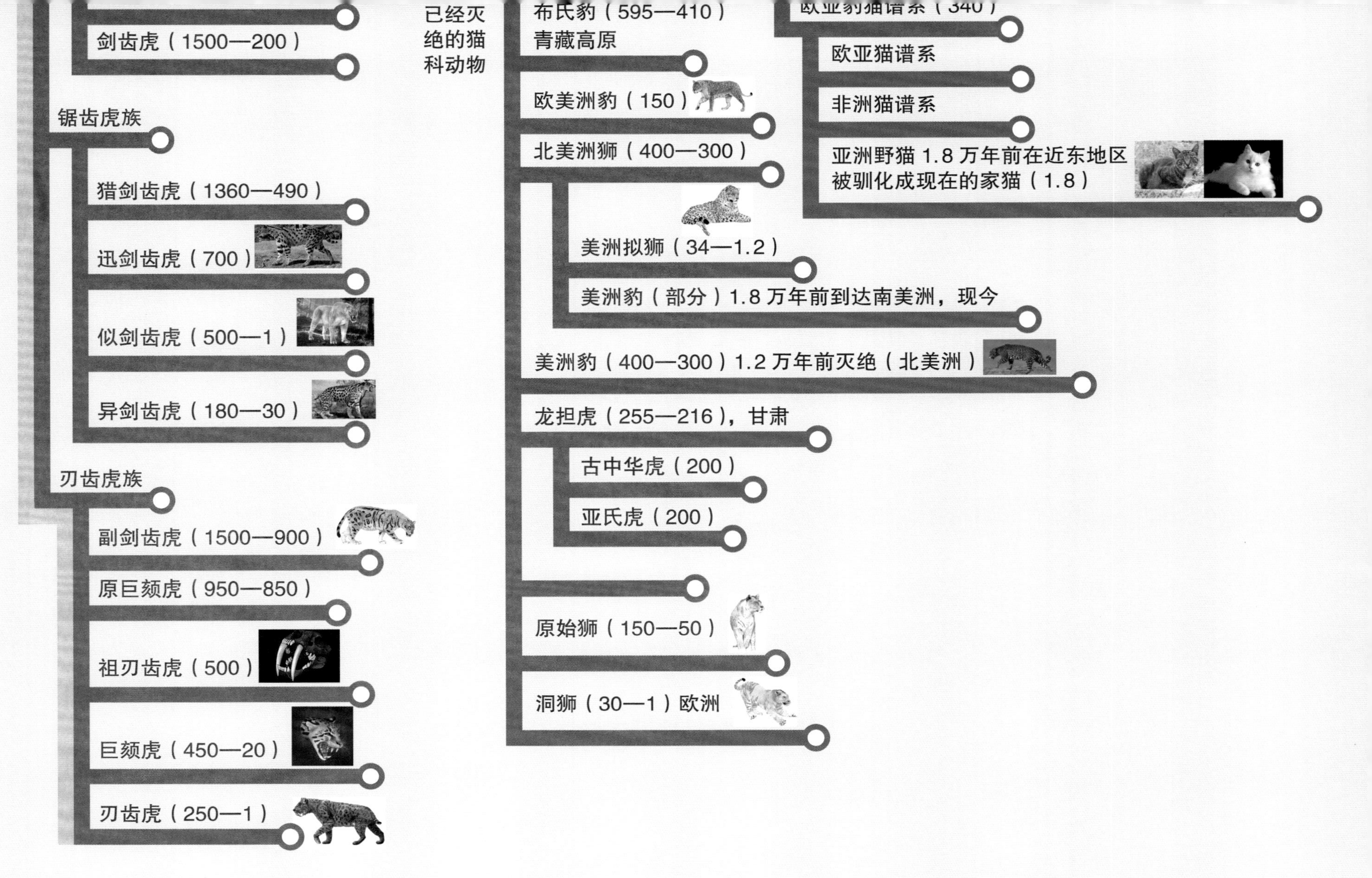


注：表中括号内数字单位为万年前

恐猫生态复原图

猫五个属。

管猫（*Adelphailurus*）生活在 1030 万—533 万年前的北美洲西部。

石猫（*Stenailurus*）生活在 700 万年前的欧洲，它和管猫被认为是后猫进化过程中的早期物种。

吉猫（*Yoshi*）是科学家刚发现的新种群，生活在 1162 万—724.6 万年前的东南欧和中国。体形介于猞猁和猎豹之间，体重约 30 千克，是一个和猎豹非常接近的属。

后猫（*Metailurus*）生活在 900 万—530 万年前的亚欧大陆和北美洲，小者接近现代的欧亚猞猁，大者接近美洲狮或雪豹，很可能生活在丛林中，且为树栖。后猫类的前肢比后肢强壮。

恐猫（*Dinofelis*）生活在 500 万—120 万年前的亚欧大陆和北美洲，可能由后猫进化而来。体形介于狮虎之间，平均肩高约 0.7 米。体重 30 ~ 90 千克，全身布满斑纹。最大种是中国阿氏恐猫，体长 1.2 米，前肢比后肢更强壮，像美洲豹一样，可能生活在丛林中。冰河世纪森林的退化是恐猫灭绝的主要原因。

圆齿似剑齿虎假想图

**剑齿虎族**

中剑齿虎（*Miomachairodus*）生活在1250万—950万年前土耳其和中国。

剑齿虎（*Machairodus*），也叫短剑齿虎，生活在1500万—200万年前的亚欧大陆、非洲和北美洲。剑齿虎肩高约1.2米，可能还会爬树。它们是长距离追击猎物的好手。

**锯齿虎族**

猎剑齿虎（*Nimravides*）生活在1360万—490万年前的北美洲。

迅剑齿虎（*Lokotunjailurus*）生活在700万年前非洲的肯尼亚、乍得地区，是剑齿虎亚科比较原始的种群。体态比较纤细，剑齿较短。

似剑齿虎（*Homotherium*）也叫锯齿虎，生活在500万—1万年前的亚欧大陆、非洲和北美洲。似剑齿虎大约150万年前就在非洲灭绝了，在亚欧大陆活到了3万年前，而在北美洲残存到大约1.4万年前，随着冰河世纪的到来，人类来到了新大陆，似剑齿虎也和它的表亲美洲刃齿虎一

迅剑齿虎假想图

异剑齿虎假想图

副剑齿虎假想图

祖刃齿虎头骨化石

样永远地销声匿迹了。似剑齿虎体长约 1.1 米，约有狮子的大小，前肢长于后肢，像鬣狗那样，身体倾斜，且脖子长。它们像熊一样全脚掌行走。门齿大而结实，犬齿有锯齿状边缘，剑齿如弯刀，短且扁，弯向后方。鬣狗状的构造使得它们可以长距离追击猎物。似剑齿虎有可能捕食猛犸象，而且是以家庭形式捕猎。另外还有阔齿锯齿虎（欧洲西北部）、最后锯齿虎（中国）、晚剑齿虎（北美），以及强壮似剑虎。

异剑齿虎（*Xenosmilus*），又名异刃虎，生活在 180 万—30 万年前。异剑齿虎是由似剑齿虎进化出的分支，似剑齿虎体重 150 ~ 230 千克，而异剑齿虎体重 230 ~ 400 千克，体型明显变大，并且四肢短粗，剑齿短而宽。我们可以想象异剑齿虎捕猎时的场景，它很可能躲在草丛中悄悄靠近，然后猛扑抓住猎物。

### 刃齿虎族

副剑齿虎（*Paramachairodus*），也叫拟剑齿虎，生活在 1500 万—900 万年前的亚欧大陆，是刃齿虎中最早的一个种类。副剑齿虎的颅骨外形与现代的云豹类似，体形与美洲狮相仿。肩高只有 58 厘米，体重仅仅 55 千克，四肢形状显示它们是灵活的攀树者。

原巨颏虎（*Promegantereon*）生活在 950 万—850 万年前，是刃齿虎的原始种类。

祖刃齿虎（*Rhizosmilodon*）生活在 500 万年前的美国佛罗里达州。

巨颏虎（*Megantereon*）生活在 450 万—20 万年前的旧大陆以及北美洲。体长 1 ~ 1.3 米，剑齿超过 10 厘米，它可能是由原巨颏虎进化而来。

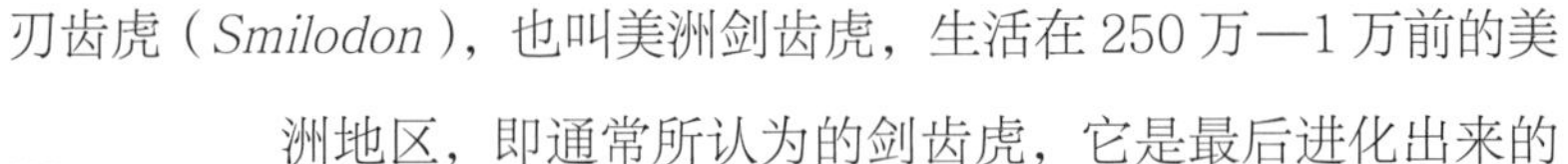

刃齿虎（*Smilodon*），也叫美洲剑齿虎，生活在 250 万—1 万前的美洲地区，即通常所认为的剑齿虎，它是最后进化出来的剑齿虎，也是剑齿虎家族最后的属种。刃齿虎身体粗壮，长着短而有力的四肢和短尾巴，双颌张开可以达 120 度，以便上犬齿刺进猎物的身体。剑齿的后缘有细小锯齿。它们很可能捕食大型的食草动物，也会吃腐肉或奄奄一息的动物。刃齿虎可能以家庭方式群居，很像现代的狮子，而且很可能也是

致命刃齿虎假想图

集体捕猎。

随着巴拿马地峡在300多万年前隆起，南美洲和北美洲连成了一体，致命刃齿虎随之进入了南美洲，因缺少竞争对手，它们逐渐变得更加强壮，这种刃齿虎体长2.7米，肩高1.2米，体重达到了300～400千克，它们的剑齿长约18厘米。

大约1万多年前的冰河世纪，智人踏入美洲大陆。人类的猎杀，以及美洲气候逐渐变得干燥造成森林退化和猛犸象等大型食草类生物灭绝，最终导致了美洲剑齿虎的灭绝。

在旧大陆，由于早期人类的活动和气候的变迁导致食物的减少等原因，剑齿虎族动物也较早地灭绝了。

## 豹亚科

约1080万年前，豹属谱系从神秘的亚洲假猫进化而来。豹属谱系即豹亚科，包含了云豹属和豹属，二者的区别在于，云豹不会吼叫。豹属包含了现今的一些大型猫科动物，雪豹、豹、狮、虎以及已经灭绝的早期分化类型（布氏豹、欧美洲豹、古中华虎、原始狮、洞狮、美洲拟狮等），但不包括美洲狮和猎豹。

现代美洲豹仅分布于美洲，也叫美洲虎，但实际上它既不是虎也不是豹，它和狮子的亲缘关系比老虎近得多。老虎、雪豹在豹属中属于分化比较早的分支，而花豹、狮子、美洲虎有共同祖先，分化最晚的是狮类和花豹类。

595万—410万年前，布氏豹出现在青藏高原。

400万—300万年前，狮子和美洲豹的祖先来到了北美洲，并在34万年前进化出了美洲拟狮。在1.2万年前，北美洲的美洲拟狮和美洲豹都灭绝了，部分美洲豹在1.8万年前通过巴拿马地峡来到了南美洲并延续至今。

255万—216万年前，最早的老虎——龙担虎，生活在中国甘肃，并在200万年前，又进化出了古中华虎（中国祖虎）和亚氏虎等。

约150万年前，最早的狮子——原始狮，分布于非洲和亚欧大陆北部，并于50万年前灭绝。同样在150万年前，也进化出了欧美洲豹，是一种生活在欧洲的豹子。

欧美洲豹

奥古塔斯美洲狮

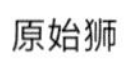

原始狮

巨猎豹

洞狮

龙担虎

洞狮，也称欧洲洞狮，生活于30万—1万年前，比现代狮子壮大，四肢粗壮。洞狮并不是现代狮子的祖先，可能因智人的捕杀而最终灭绝。

30多万年前，各种各样的狮、虎、豹在亚欧大陆以及非洲各地蓬勃发展开来，并形成了目前的各种大猫。

现今家猫

亚洲金猫

## 猫亚科

约940万年前，在亚洲产生了亚洲金猫谱系，这也是最早的猫亚科动物，目前主要生活在东南亚，以及中国、印度、缅甸的交界地带。

在1000万—800万年前，一些原始猫科动物进入了非洲，同期，它们也扩散至整个亚洲，并通过白令陆桥，迁徙到了今天美国的阿拉斯加州。此时猫科动物在亚洲、欧洲、非洲与北美洲都有分布，而随着海平面上升分隔了各个大陆，地理隔离使猫科动物演化出许多新物种。约在850万年前，在非洲产生了狞猫谱系，目前主要分布在非洲和西亚以及中亚的土库曼斯坦。

800万—720万年前，进入北美洲的原始猫科动物进化出了虎猫谱系和猞猁谱系，虎猫谱系动物现在仍生活在南美洲和北美洲地区；猞猁谱系主要生活在北美洲和亚欧大陆的寒冷地带。

约670万年前，在北美洲出现了美洲金猫谱系，这一谱系后来分化出了美洲金猫属和猎豹属。在300万—200万年前，巴拿马地峡隆起，南美洲和北美洲相连，美洲金猫（包括美洲狮和细腰猫）得以进入南美洲并延续至今。而留在北美的美洲金猫和北美猎豹则在1.2万年前的更新世灭绝。北美猎豹的一支在几百万年前已经回到了旧大陆，并形成了如今的猎豹（包括非洲猎豹和亚洲猎豹），而美洲狮在后来也回到了北美洲。

约620万年前，在北美洲出现了豹猫谱系，它们和猎豹以及猫谱系的祖先一起越过白令陆桥回到旧大陆，目前这一谱系主要生活在亚洲东部和南部地区。

约340万年前，和豹猫谱系一起回到亚欧大陆的猫谱系祖先，从它的原始种群中脱离出来并迅速扩张到了亚欧大陆和非洲的大部分地区，其中一支亚洲野猫约在1.8万年前在近东地区被驯化，用于捕捉啃食人类粮食的啮齿类动物，它们也就是现今家猫的共同祖先。

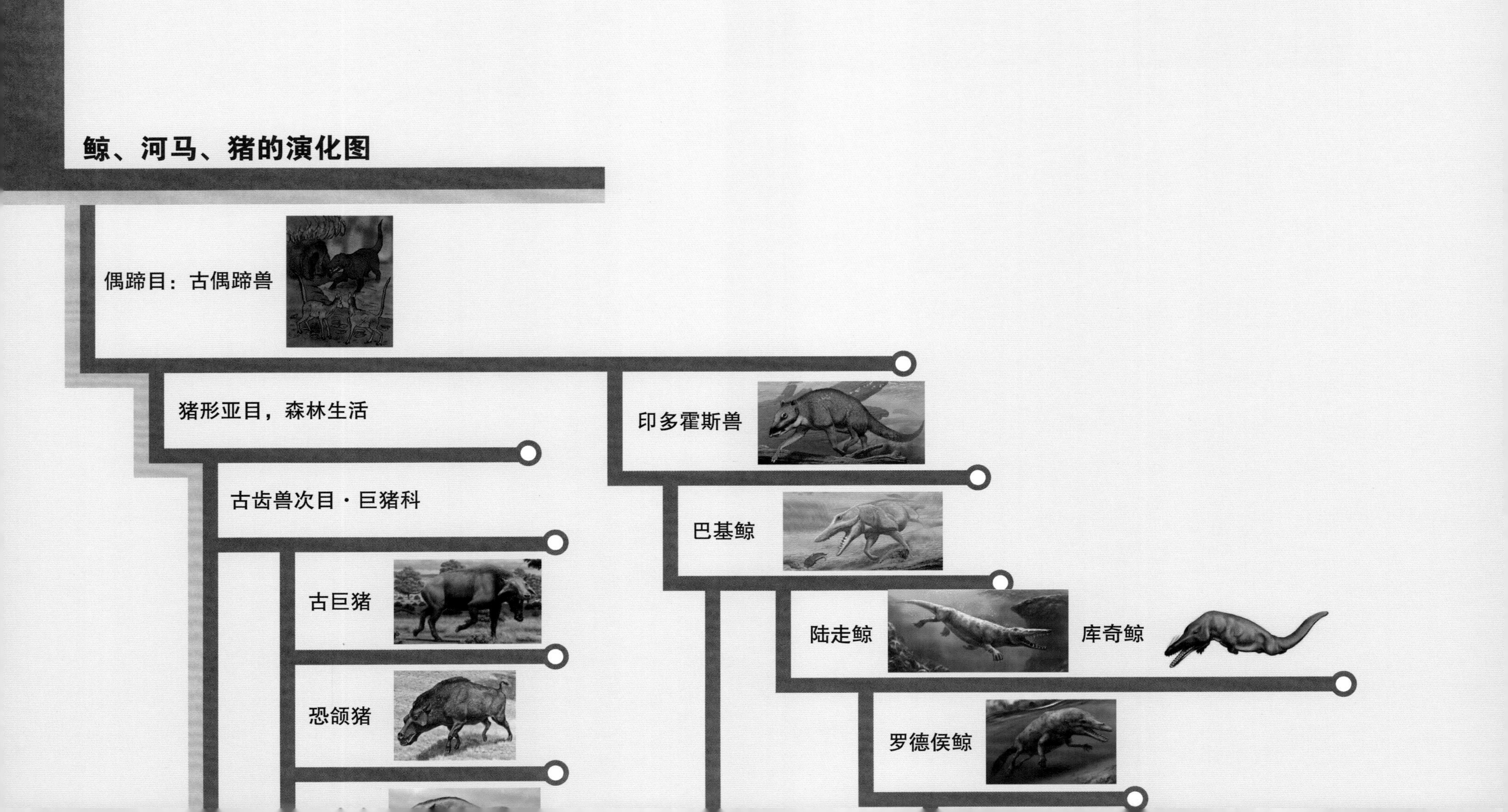
鲸、河马、猪的演化图
偶蹄目：古偶蹄兽
猪形亚目，森林生活
古齿兽次目·巨猪科
古巨猪
恐颌猪
印多霍斯兽
巴基鲸
陆走鲸
库奇鲸
罗德侯鲸

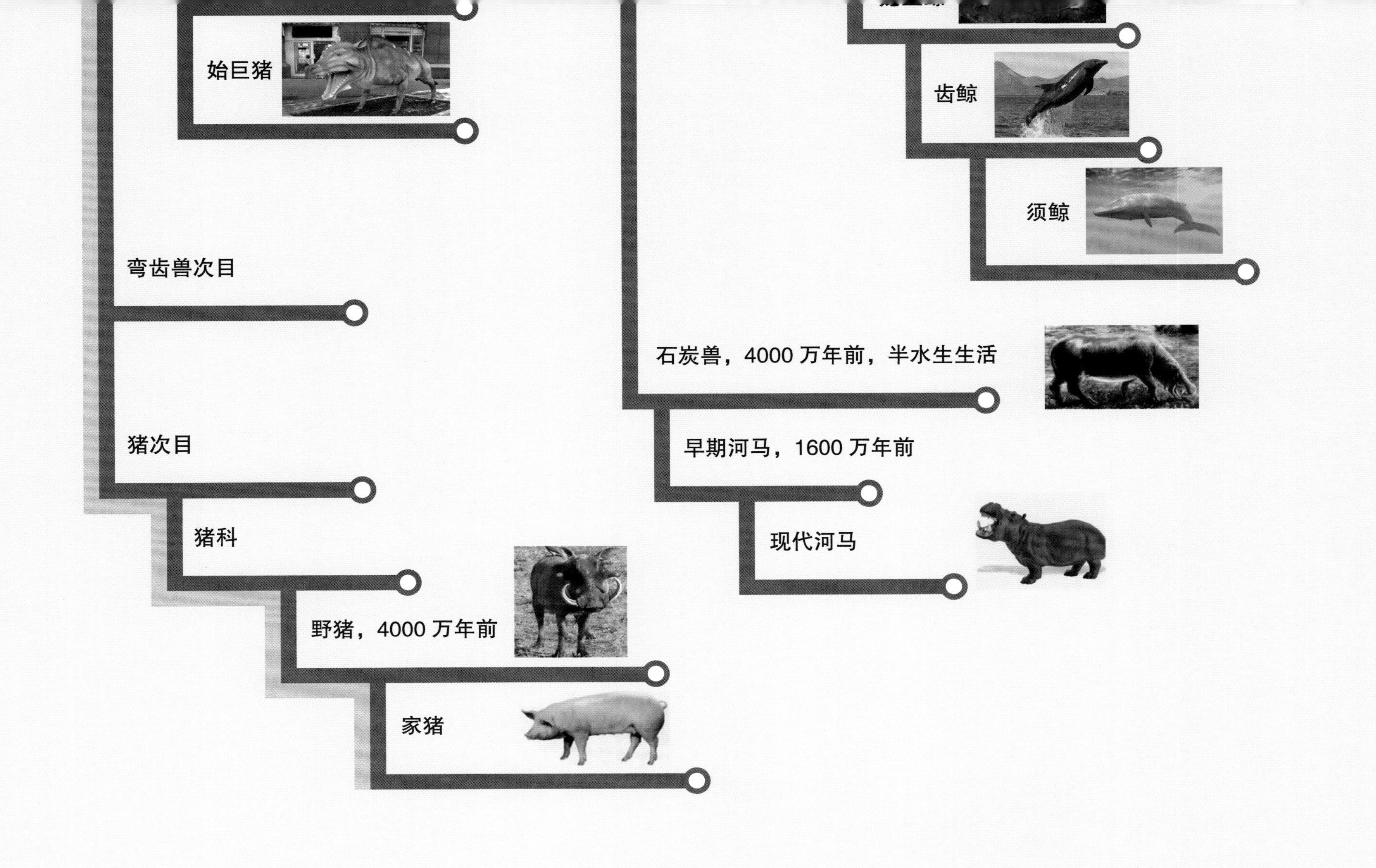
始巨猪
弯齿兽次目
猪次目
猪科
野猪，4000 万年前
家猪
齿鲸
须鲸
石炭兽，4000 万年前，半水生生活
早期河马，1600 万年前
现代河马

## 13.10
# 鲸、河马、猪的演化史

古偶蹄兽复原图

根据生物分类学以及分子生物学的研究，猪、鲸、河马同属于一个大家族，具有一个共同的祖先，即以古偶蹄兽为代表的偶蹄目。在6000万—5000万年前，古偶蹄兽出现了两个演化分支，也就是说，猪的祖先（猪形亚目）与鲸的祖先（印多霍斯兽）分道扬镳。约4000万年前，猪的祖先分别演化出巨猪类和野猪类，大约在11000年前，野猪首先由中东农人驯养成家猪；约5000万年前，鲸的祖先进化出巴基斯坦鲸，走上了鲸的演化之路。

虽然河马分类上归属猪形亚目，但根据分子生物学研究，河马与鲸具有较近的亲缘关系，大约5000万年前，河马与鲸共有一个祖先。到了4000多万年前，河马的祖先——石炭兽与鲸分家，分别沿着不同的轨迹演化，鲸分别由巴基斯坦鲸—陆走鲸（库奇鲸）—罗德侯鲸—龙王鲸进化而来；1600万年前，石炭兽演化出真正的河马。

### 古偶蹄兽

古偶蹄兽是最早的偶蹄目动物，植食性，生活在5000万年前的欧洲、亚洲和北美洲，是已知最早的现代猪的祖先。体长50厘米，体重约20千克，前肢有5个手指，后肢有4个脚趾，第三和第四指/趾呈小蹄形，主要用来承受身体重量。古偶蹄兽生活于森林中，腿长，适于奔跑，可能是当时跑得最快的动物，是很优秀的跳跃能手。

### 印多霍斯兽

印多霍斯兽（*Indohyus*），意思是“印度的猪”，与猪、河马等同属偶蹄兽类。印多霍斯兽生活在5000万年前的喜马拉雅南麓克什米尔地区，当时克什米尔地区的山并不像今天这样高耸，气候温暖潮湿，植被茂密，面朝海洋。

印多霍斯兽生态复原图

印多霍斯兽看起来很像一只大老鼠，脑袋尖长，头顶有一对大眼睛，眼睛后面有一对小耳朵。身体较瘦，长约 50 厘米，长有一条细长的尾巴，四肢细长，前后脚上都长有 4 趾，其中中间的两趾形成蹄子，两边的脚趾很短已经不与地面接触。单从体形特征看，印多霍斯兽根本不像水生动物，但研究证明它们却经常生活在水中，原因是印多霍斯兽是植食性动物，胆小如鼠，平时躲在密林深处，为了逃避陆生肉食动物的捕食，常常跑到水里躲藏，久而久之，在基因突变和自然选择作用下，适应了水中生活，经过巴基斯坦古鲸—陆走鲸—罗德侯鲸—龙王鲸，最终演化成现在的鲸，如齿鲸类和须鲸类。

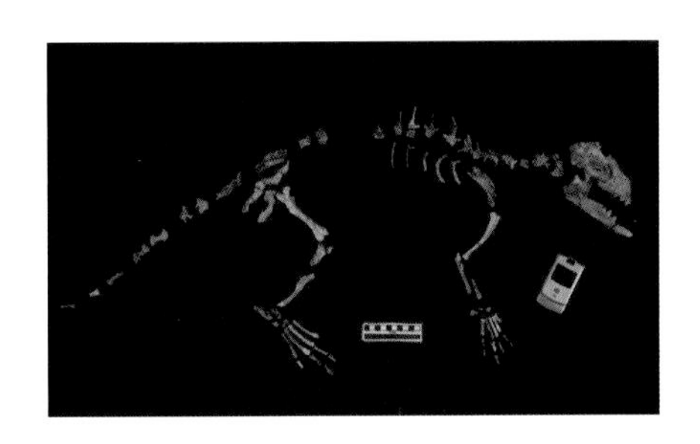

印多霍斯兽化石骨架

印多霍斯兽的头骨耳道有类似听泡的结构，如同现存和已经灭绝的鲸类，说明印多霍斯兽与鲸类的亲缘关系更接近，它很可能是鲸类的远古祖先。但有些古生物学家仍持怀疑态度。

## 巴基斯坦古鲸

巴基斯坦古鲸（*Pakicetus*），也称巴基鲸，因化石发现于巴基斯坦而得名。主要生活在浅海或大湖泊的岸边，以捕食鱼类为生。最早的巴基斯坦古鲸，体形像狼，头呈长圆锥形，四脚着地，有细长的尾巴，全身有毛。巴基斯坦古鲸有发育良好的后肢，可以在水中和陆地生活。它们是陆生哺乳动物与现代鲸类之间的过渡型。

## 陆走鲸

陆走鲸（*Ambulocetus*），又名游走鲸，是一种早期的鲸，既能行走又会游泳。陆走鲸的化石显示了鲸如何从陆上的哺乳动物演化而来。陆走鲸的外表像鳄鱼，约有 3 米长。它的后肢较适合游泳，可能像水獭及鲸般摆动背部来游泳。陆走鲸也像鳄鱼一般潜伏在浅水区域捕猎。就其牙齿的化学分析，发现陆走鲸可以出入淡水及海洋区域。陆走鲸没有外耳，而是将头贴近地面感受振动，借以追踪猎物。

巴基斯坦古鲸骨骼化石

巴基斯坦古鲸生态复原图

陆走鲸生态复原图

陆走鲸正在捕食一只小型的哺乳动物

## 库奇鲸

库奇鲸（*Kutchicetus*），又名喀曲鲸，意为“小个子的鲸鱼”，生活在 4600 万年前的始新世早期。体形细小，近似于水獭，体长约 1.7 米。库奇鲸能够行走及游泳，是鲸从陆上哺乳动物演化的过渡性生物。

库奇鲸复原图

## 罗德侯鲸

罗德侯鲸（*Rodhocetus*），属鲸目古鲸亚目原鲸科，生活在 4700 万年前，半水生动物，是鲸目动物从陆地进入海洋的过渡性物种。它的盆骨与脊骨及后肢融合，并有分化的牙齿，后肢大而有蹼，犹如船桨，尾巴强壮，像船舵，明显具有陆上哺乳动物的特征。

罗德侯鲸复原图

**龙王鲸生态复原图**

在3600万年前的古地中海，阳光灿烂，海水湛蓝，阳光透过海水，照在一头雌性龙王鲸的脊背上，刚出生不久的幼崽紧紧地贴在妈妈的身旁，不时触碰着母亲流线形的身体。几条大鲨鱼在一旁虎视眈眈，龙王鲸妈妈警惕地盯着附近的鲨鱼，保护着孩子，只要幼崽一直在它身旁，这些鲨鱼就不敢靠近。

**露脊鲸**

## 龙王鲸

龙王鲸（*Basilosaurus*），意为“帝王蜥蜴”，又名械齿鲸，是已经灭绝的古代海洋哺乳动物，一种原始的鲸类，是现代鲸的祖先，生活于4500万—3400万年前。化石发现于美国、埃及和巴基斯坦等地。龙王鲸体长18～21米，身体修长，后肢短小，由此可以证明现代鲸是由陆生哺乳类动物演化而来。龙王鲸牙齿短小锋利，为肉食性动物，常以鱼、鲨鱼、乌贼、海龟和其他海洋哺乳动物为食。

## 现生鲸类

现生鲸类主要分为两个种类：齿鲸与须鲸。

齿鲸（*Odontoceti*），是鲸的一个大类，种类多，有72种。齿鲸最大的特征是具有牙齿，齿呈圆锥状，齿数从1颗到数十颗不等。齿鲸有一个外鼻孔，呼吸换气时只能喷出一股水柱。头骨左右不对称。鳍肢具5趾，胸骨大，无锁骨，无盲肠，显然是肉食性动物。齿鲸体形差异很大，最小的1米左右，最大的约20米，体重一般有9吨。齿鲸主要以鱼类、乌贼为食，有的还能捕食海鸟、海豹、海兽以及其他鲸类等大型动物。常见的齿鲸有虎鲸、伪虎鲸、抹香鲸、突吻鲸、白鳖豚、海豚等。

**龙王鲸（上）、露脊鲸（中）、虎鲸（下）与人的大小对比**

须鲸（*Balaenoptera*）是须鲸类动物总称，包括蓝鲸、长须鲸、座头鲸、露背鲸、灰鲸等，现生的须鲸共15种。

须鲸类体长15～20米，身体细长，背部黑色，腹部白色，鳍肢和尾鳍的下面为灰色，背鳍呈镰刀形，向后倾斜。每侧的须板为黑色，约300～400枚，故称“黑板须鲸”。须鲸呼气时喷出的水柱是垂直的，而且又高又细。

须鲸的牙齿犹如巨大的毛发，与面部的绝大多数毛发一样。它们的“毛牙”能够捕获猎物。须鲸类主要以磷虾等小型甲壳类动物为食，有的须鲸也吃小型群游性鱼类，以及底栖的鱼类和贝类。不同的须鲸的食谱也不相同。如蓝鲸只以磷虾为食，布氏鲸的食物则以小型鱼类为主。

海豚

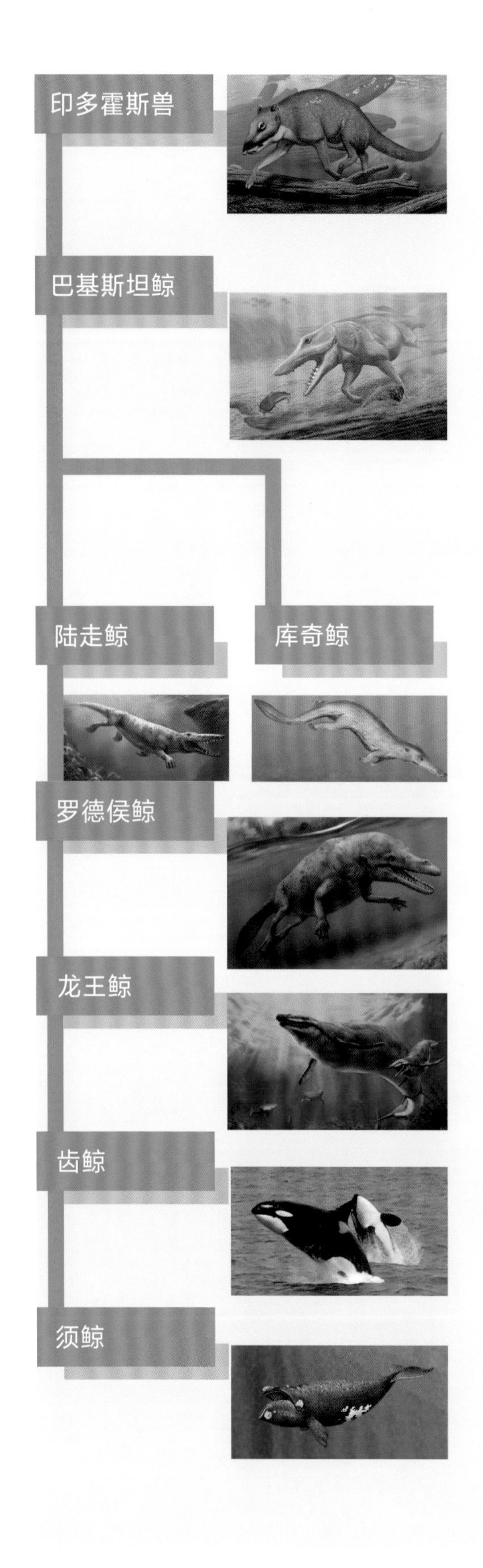
印多霍斯兽
巴基斯坦鲸
陆走鲸
库奇鲸
罗德侯鲸
龙王鲸
齿鲸
须鲸

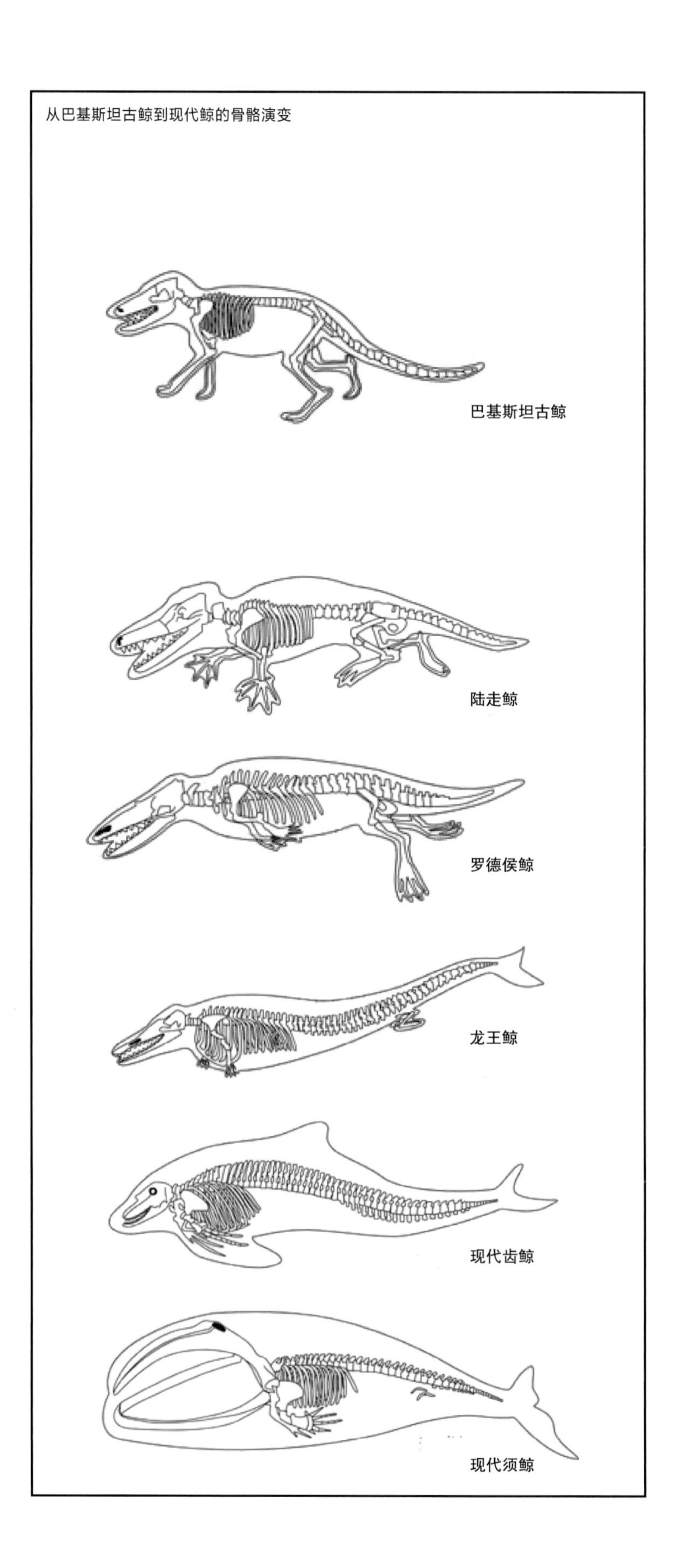
从巴基斯坦古鲸到现代鲸的骨骼演变
巴基斯坦古鲸
陆走鲸
罗德侯鲸
龙王鲸
现代齿鲸
现代须鲸

鲸的演化史

## 石炭兽

石炭兽（*Anthracotherium*），又名碳兽，属偶蹄目。最早出现于4000万年前，直到200万年前灭绝，曾分布在非洲北部、欧洲、亚洲及北美洲。研究显示，石炭兽可能是河马的祖先，与鲸的祖先有较近的亲缘关系。

石炭兽复原图

## 河马

河马（*Hippopotamus amphibius*），是现今地球上最大型的杂食性淡水哺乳类动物，体形巨大，体长4米，肩高1.5米，体重约3吨。河马躯体粗圆，皮较厚，四肢短，脚有4趾，眼耳较小，眼睛位于头部上方，头硕大，尾较小；嘴特别大，门齿和犬齿均呈獠牙状，下犬齿巨大，长50～60厘米。除吻部、尾、耳有稀疏的毛外，全身皮肤裸露。一般生活于河流、湖泊、沼泽水草繁茂的地带。

河马喜群居生活，雌河马为首领。河马白天几乎都在河水中睡觉或休息，一般晚上才出来吃食。主要以水草为食，食物短缺时也吃肉。

在冰河时期末期，河马广布于北美洲和欧洲，现在只生活在非洲。

河马

古巨猪生态复原图

## 古巨猪

古巨猪（*Archaeotherium*），属巨猪科。生活于3500万年前北美洲西部、欧洲和亚洲。古巨猪是完齿猪及其他有蹄类的亲属。

古巨猪体形与奶牛类似，肩高1.5米，后颈部有明显的棘突，背部很可能具有“肉丘”。它们和现代的野猪一样，是以植食为主的杂食性动物，有时也食腐和捕食各种小动物，如跑犀、副跑犀、先兽等。由于古巨猪立体视觉不好，所以不能很好地捕猎。它们有可能是小群活动的主动猎食性动物，拥有强壮的颌骨，可以压碎猎物粗大的骨头。

## 完齿兽

完齿兽（*Entelodon*），又名全齿兽、巨豨或完齿猪，属偶蹄兽完齿兽科。生活在3720万—1300万年前，分布于亚欧大陆和北美洲。

完齿兽生态复原图

恐颌猪生态复原图

其大小如牛，身高 1 米多，体重达 500 千克，甚至可达 800 千克。头大像猪，颌部有像疣的瘤状物。脚短小，鼻口长。有完整的牙齿，如大犬齿、重门齿，以及简单而有力的臼齿，咬合力比鳄鱼还大。最明显的特征是头部两侧的骨块，雄性较大，显示其强大。

完齿兽有分趾蹄，其中二趾接触地面，余下二趾则已退化。杂食性，从水果到腐肉都吃，生性残暴，甚至自相残杀，有“地狱来的猪”的称谓。

### 恐颌猪

恐颌猪（*Daeodon*），又名恐猪，希腊语是“恐怖猪”的意思。生活在 2300 万—500 万年前的北美洲草原上。体形稍大于古巨猪和完齿猪，是最大的偶蹄类，肩高超过 2 米，体长超过 3 米，体形非常像现在的犀牛。长有巨大的犬齿和颌骨，比现代野猪更加凶残，杂食性，主要以植

恐颌猪复原图

物为食，也经常食腐或捕食小型动物，以小群活动。

始巨猪复原模型

野猪

## 始巨猪

始巨猪（*Eoentelodon*），属巨猪科，是一种体形细小而原始的巨猪。体形大小像现在的猪，生活在5600万—3400万年前。化石发现于北美洲和亚洲。

## 野猪

野猪身体健壮，四肢粗短，头较长，耳小并直立，吻部突出似圆锥，顶端有拱鼻；每脚有4趾，且硬蹄，仅中间2趾着地；尾巴细短；犬齿发达，雄性有獠牙状犬齿。野猪最早出现在4000万年前，至今仍然很繁盛，几乎遍布世界各地。由于野猪生活地区广阔，食性也很广。早期的

库班猪骨架

野猪穿梭于森林和沼泽。有证据证明，家猪是由欧洲和亚洲的野猪驯养来的。大约在 11000 年前，野猪等家畜最先由生活在近东地区的中东农人驯化。

## 库班猪

库班猪（*Kubanochoeres*），分类位置不定。体形巨大，成年体长 3 米，肩高 1.2 米，体重约 800 千克，生活于 2000 万—1000 万年前，中新世末灭绝。曾分布于非洲和亚欧大陆，化石在我国宁夏回族自治区的同心和甘肃的和政也大量发现。

最明显的特征：体形巨大，头部很特别，眼睛上方有细小的角，在额头长有巨大的角，雄性的角长 30 多厘米，显示其强壮，并用来打斗，犹如传说中的独角兽。库班猪长有两颗长长的獠牙状犬齿，看上去像食肉动物，其实它是杂食性动物，主要以植物的根茎为食，也捕食一些小动物。与铲齿象、萨摩兽等远古动物生活在同一时期。

库班猪复原图

# 13.11
# 鳍足类的演化史

鳍足目（类）哺乳动物是海生食肉兽，体形为纺锤状；牙齿与陆栖食肉兽相似，包括海豹科、海狮科、海象科，以及已经灭绝的海熊兽科。

鳍足类哺乳动物完全不具有陆上站立和行走的能力，体形似陆兽，体表有密的短毛。头圆，颈短；5 趾完全相连，发展成肥厚的鳍状；前肢可划水，依靠身体后部的摆动游泳，速度很快，在水中俯仰自由，并能迅速变换方向；鼻和耳孔有活动瓣膜，潜水时可关闭鼻孔和外耳道；呼吸时需露出头顶，用力迅速换气，可长时间潜水。多在水中活动，在海滩上休息、睡眠。

达氏海幼兽骨骼化石

达氏海幼兽生态复原图

## 达氏海幼兽

达氏海幼兽（*Puijila darwini*），以达尔文名字命名种名，类似于能走的“海豹”。生活在 2400 万—2000 万年前，化石发现于北极地区。体长 1 米多。它像陆地哺乳动物一样有着强健有力的四肢，长长的尾巴。这显示达氏海幼兽曾在陆地上生活，虽没有鳍状肢，但趾骨间连接，类似于鸭嘴兽等动物脚上的蹼，说明它是半水生动物。达氏海幼兽同时具有早期鳍足类动物和现代鳍足类动物的特点，它既可以在陆上行走，又可以在水中快速游动。

研究者认为，达氏海幼兽并不是现代海豹的直接祖先，但却是鳍足类动物共同的祖先。现生鳍足类包括海象、海豹和海狮。它们都是从陆地动物演化而来的海洋食肉哺乳动物。

达氏海幼兽在解剖学上，与现代熊和水獭类似。水獭是目前已知动物中与鳍足类关系最密切的动物。从某种程度上讲，达氏海幼兽是“古老鳍足类动物的现代对照”，填补了化石纪录中的一项重要空白，显示了海豹及其近亲是如何从两栖的小型食肉哺乳动物演化而来。

## 海熊兽

海熊兽（*Enaliarctos*）是已知较早的鳍足类，生活在2700万—1600万年前，化石发现于北美洲太平洋沿岸。成年个体身长1.4 ~ 1.5米，体重约80千克。海熊兽的某些特征和陆生的熊类非常相似，但也有一些适应海洋生活的特征。它有着鳍状肢，但和现代鳍足类不同，在海中不能正确利用鳍状肢，而是用它将猎物拉到海岸上进食。

有趣的是，现代不同种的海豹有着不同的游泳方式，有的会转动它们的鳍状肢，有的左右摇晃它们的臀部，用后肢推动前进，海熊兽看起来会这两种游泳方式。达氏海幼兽可以用四肢游泳，在进化上，很可能它比海熊兽更原始。

海熊兽复原图

## 海狮

海狮科（Otariidae）是鳍足亚目动物中的一个科，主要生活在太平洋南部与北部，包括 5 种海狮和 8 ~ 9 种海狗。海狮与海狗二者外形大体相似，但海狮体形略大。海狮毛粗硬无绒毛，仅能防水防湿，不像海狗毛皮那样有价值。海狮易与人类亲近，记忆力好，可以驯养学艺。

海狮科是长有外耳的鳍足动物，有约 5 厘米长的外耳廓，内有软骨，向外尖。所有的海狮科动物，眼眶上没有触毛；海豹科动物只长有内耳，没有外耳廓，但眼眶上有触毛。

海狮科体形较修长，四肢长而有力，是鳍足类中在陆地上最灵活的一类，不但在陆地行走比较灵活，而且在水中游动也灵活迅速，但不擅长深潜。

现生海狗

现生海狮

现生海豹

现生海象

## 海狗

海狗外形酷似海狮，其特征是脸很短，头较圆，吻部短，全身覆有绒毛，皮毛柔软漂亮，毛皮质量极好，具有极高的价值，故又称“毛皮海狮”。海狗与海狮不一样，不能被驯养，也不会学艺。

## 海豹

海豹科（Phocidae），头圆颈粗，身体肥胖，皮下脂肪厚，后肢与尾相连，永远向后。海豹不擅长行走，在陆地上只能凭借身体的蠕动而匍匐前进，十分笨拙，但水下动作十分灵活，且善于深潜，可潜入水下数百米深处捕食。

海豹科大致分成北方和南方两个类群，即海豹亚科和僧海豹亚科。海豹亚科分布于北半球，僧海豹亚科主要分布于南半球。

## 海象

海象科（Odobenidae），属食肉目鳍足亚目。海象科仅有海象一种，只生活于北冰洋海域，因犬齿发达似象牙而得名，但与象没有亲缘关系。

海象体形巨大，成年雄性体长 2.2 ~ 3.6 米，体重超过 1 吨，海象的脂肪极厚，便于抵御北极地区的严寒。在水中和陆地上，海象皮肤的颜色不一样。因为海象在岸上时，阳光照射使得表皮的血管充分扩张，皮肤变成了棕红色；回到海水里，表皮血管遇到冰冷的海水收缩，皮肤就恢复到原来的白色。

海象嘴短而阔，犬齿特别发达，用以掘食和攻防。身体上长有稀疏坚硬的体毛，眼小，视力不佳。四肢呈鳍状，后肢能弯曲到前方，可以在冰块和陆上行走。但海象在陆地行走，远不如海狮类灵活。

海象能潜入 90 米深的水中，在水中可以待约 20 分钟，是出色的潜水能手。海象用獠牙在海底挖掘甲壳类和软体动物，有时也吃鱼类、植物甚至其他海兽。海象的嘴唇和触须十分敏感，一旦探测辨别，碰到食物，便用齿将甲壳类的壳咬破，吃掉肉体。

从进化史的角度来看，海狮科与海象科具有最近的亲缘关系。

## 海牛

海牛原是陆地上的“居民”，但与陆生牛不是同一“老祖宗”，而是大象的远亲。近亿年前，一部分陆生大象被迫下海谋生。由于长期适应水环境，其相貌、体形变得与大象无相同之处。但在体形大小、皮肤颜色、皮层厚度，以及食性方面，海象与大象具有相似性。

海牛是水栖植食性哺乳动物，可以在淡水或海水中生活。海牛与同属海牛目的儒艮科动物在外观上相近，不同点在于头骨与尾巴的形状，海牛的尾部扁平略呈圆形，外观犹如大型的桨；而儒艮的尾巴则和鲸类近似，中央分叉。海牛有 3 种：

亚马逊海牛，分布在巴西亚马孙河流域和委内瑞拉奥里诺科河上游及中游，是唯一生活在淡水水域的海牛。

北美海牛（又称加勒比海牛），主要栖息在加勒比海沿岸，可到江湾中吃水草。

西非海牛，分布在西非海岸、浅湾、河流及乍得湖和喀麦隆湖中。

现生海牛

## 13.12
# 已经灭绝的其他动物

**巨蚁复原图**

巨蚁，出现于4900万年前，灭绝于4400万年前，它们在地球上只生存了500万年。巨蚁特别大，工蚁长2厘米左右，最长的达3厘米，而蚁后长达5.5厘米，其翼展达13厘米。巨蚁捉食昆虫，目前化石只在德国被发现。

在哺乳动物时代，还生活着许许多多的其他动物，不过，现在却看不见它们的身影。这里只简要介绍几种动物，如象鸟、恐鹤、渡渡鸟等，它们的灭绝大多与人类捕杀有关。

**象鸟生态复原图**

象鸟，生活于第四纪的巨型植食性平胸鸟类，翼退化，高3米以上，重约500千克，无飞行能力。主要生活在非洲马达加斯加岛的森林中。约350年前灭绝，可能与人类的过度捕杀有关。

恐鹤生态复原图

恐鹤，是肉食性鹤类，体形与鸵鸟差不多大，与鸵鸟一样也不会飞行。鸵鸟身高 2.75 米，重 155 千克；恐鹤身高 2.5 米，重 130 千克。恐鹤生活在 2700 万年前，15000 年前灭绝，主要分布在美洲。

恐鹤复原图

渡渡鸟复原图

渡渡鸟，也叫嘟嘟鸟（*Dodo*），仅产于印度洋毛里求斯岛，不会飞，重约 23 千克，这种鸟因被人类大量捕杀，于 1690 年灭绝。

# 第十四章

# 人类时代——文明的曙光

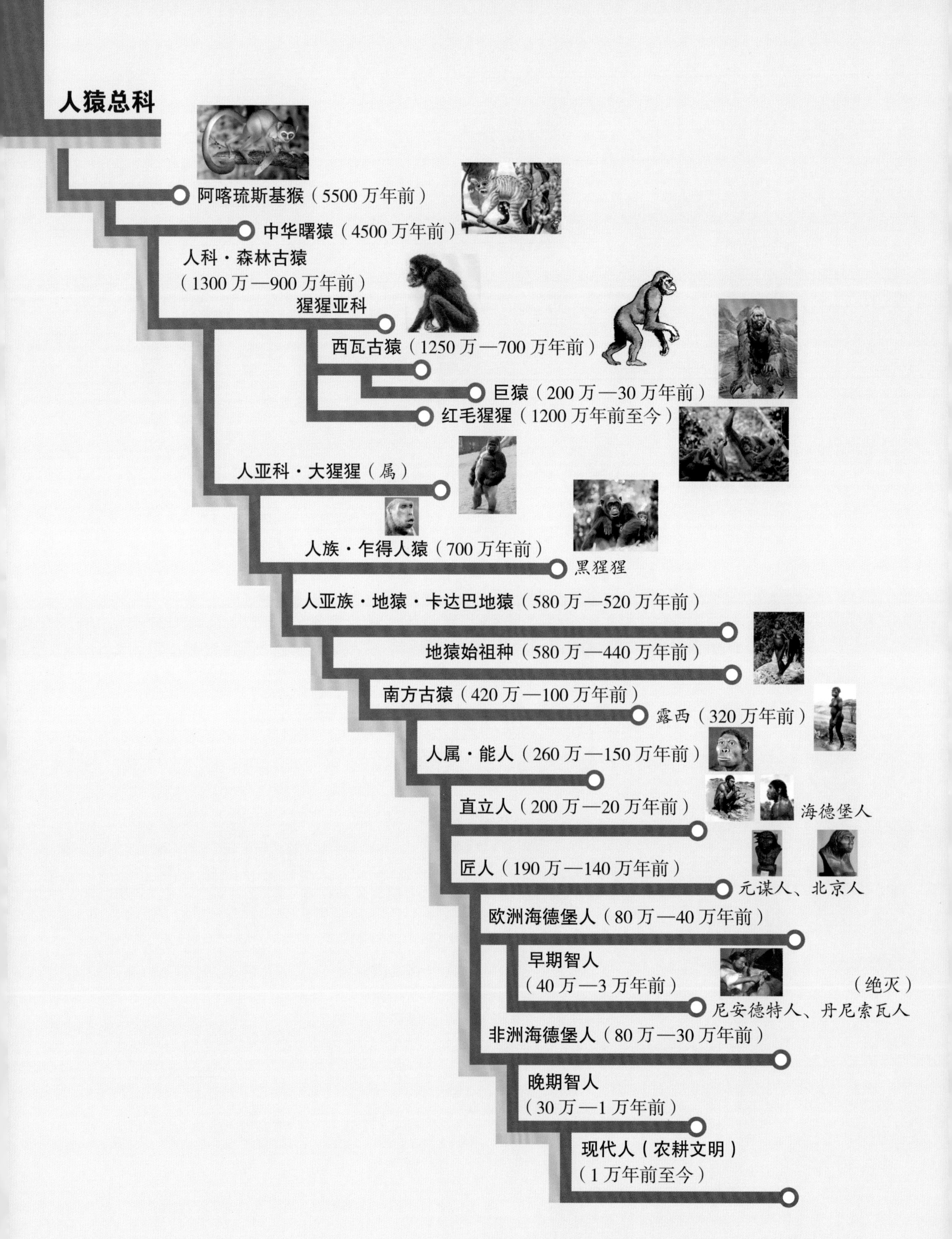

人猿总科
阿喀琉斯基猴（5500 万年前）
中华曙猿（4500 万年前）
人科·森林古猿
（1300 万—900 万年前）
猩猩亚科
西瓦古猿（1250 万—700 万年前）
巨猿（200 万—30 万年前）
红毛猩猩（1200 万年前至今）
人亚科·大猩猩（属）
人族·乍得人猿（700 万年前）
黑猩猩
人亚族·地猿·卡达巴地猿（580 万—520 万年前）
地猿始祖种（580 万—440 万年前）
南方古猿（420 万—100 万年前）
露西（320 万年前）
人属·能人（260 万—150 万年前）
直立人（200 万—20 万年前）
海德堡人
匠人（190 万—140 万年前）
元谋人、北京人
欧洲海德堡人（80 万—40 万年前）
早期智人
（40 万—3 万年前）
（绝灭）
尼安德特人、丹尼索瓦人
非洲海德堡人（80 万—30 万年前）
晚期智人
（30 万—1 万年前）
现代人（农耕文明）
（1 万年前至今）

## 14.1 关于人类起源

大约在260万年前，第四纪冰期开始，许多哺乳动物因此灭绝，如剑齿虎、猛犸象、披毛犀、板齿犀等，但却开启了“人类时代”。从此地球迎来了最辉煌的时代。

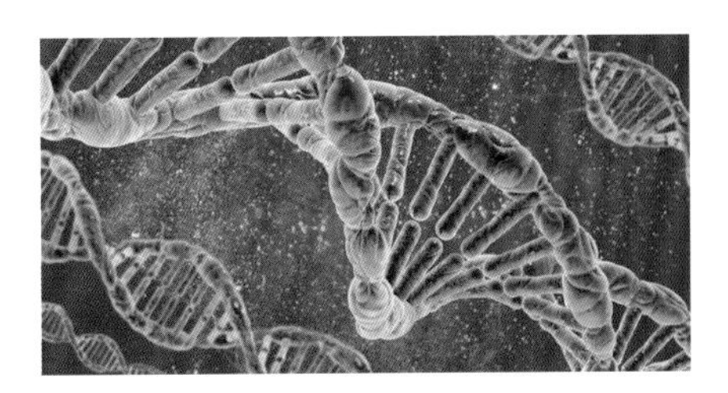

分子生物学对DNA的研究证明人类由同一祖先进化而来

关于人类的起源，有两种截然不同的观点，一种是多地起源说，另一种是单地起源说。

多地起源说主要流行于20世纪90年代之前。多地起源说认为人类的祖先来自非洲，但是他们从非洲走出后，并没有灭绝，而是在不同的地方分别进化出当地的现代人。

多地起源说的代表人物是美国密西根大学沃波夫教授（Milford H. Wolpoff）。沃波夫教授认为在150万（实际是约200万）年前，人类的祖先匠人（早期的直立人）第一次走出非洲后，到达世界各地，并在当地独立演化，有元谋人、北京人、爪哇人、海德堡人、蓝田人、尼安德特人、郧县人等，在地理环境隔离的状态下，分别平行进化成当地的现代人；但另一方面，自然选择、基因突变、遗传漂变等其他复杂的因素使现代人向大致相同的方向演化。最终，一些地方上人类的多样性消失，当前的现代人虽保留一些地方性特征，但仍有许多相似的特征。

另一种单地起源说，20世纪90年代在遗传学上获得了有力的支持，虽然仍有一部分学者支持多地起源说，但是接受单地起源说的人越来越多，现在已经成为世界人类起源的主流观点，几乎成为定论。

单地起源说不仅获得化石证据的支持，而且分子生物学、人类遗传学研究，以及人类基因组谱对比分析也为这一学说提供了充分的证据，因为从580万年前的地猿到现今的人类，基因变异都是连续的，并在DNA中，都保留有变异的记录。也就是说，从古猿到现代人580多万年的进化历史，在人类的DNA中，都保留有进化的记录，这些进化记录显示了基因变异的历史痕迹。

单地起源说认为，180万年前，早期直立人匠人第一次走出非洲，迁徙到印尼的爪哇岛（180万—160万年前）、格鲁吉亚（170万年前），

原始人类想象图

以及东亚（160万—120万年前），由于不能适应当地的地理与环境或被后来的早期智人消灭，大约在20万年前，都相继灭绝。

而仍留在非洲的匠人，大约在80万年前进化出海德堡人，海德堡人在非洲与欧洲之间迁徙，这是人类第二次走出非洲。这次出走首先到达欧洲，大约在40万年前，迁徙生活在欧洲的海德堡人在自然地理等生殖隔离下，独立进化成早期智人，即尼安德特人。

而仍然生活在非洲的海德堡人，在30万年前，进化出晚期智人，也称智人，他们才是我们现代人真正的、最近的共同祖先。

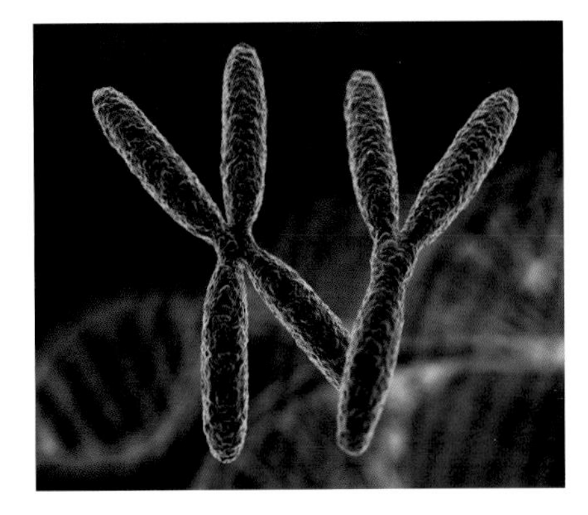

承载人类繁衍大业的X染色体和Y染色体

在16万—5万年前，地球气候变得极其寒冷，海平面结冰，晚期智人在红海东南角的曼德海峡，与尼安德特人进行了数次激烈的战斗，最后大约在5万年前，晚期智人终于凭借自己的团队优势、良好的组织能力、快速的奔跑和优良的武器，打败了尼安德特人，这是人类第三次走出非洲，而尼安德特人被迫到环境极为恶劣的地域生活，最终因饥寒交迫，在3万年前灭绝。

据遗传学研究，这次走出非洲的晚期智人，大约有150多人，其中只有极个别男性（形象地称其为“亚当”）和极个别女性（形象地称其为“夏娃”）成了我们现代76亿多人的直接祖先，也可以说，只有他们留下了血脉，我们现代人就是这些极个别男性和女性的后代。

为什么只有男人的Y基因和女人的线粒体基因能够一代代传下去？

这要从人类的受精卵说起，对于人类来说，人体中有两种细胞，一种是体细胞，含有23对（46条）染色体，其中第23对是性染色体；另一种是生殖细胞（男性是精子，女性是卵子），由于发生减数分裂，所以每一个精子内就剩下23条染色体，只有第23条染色体是性染色体，或者X染色体，或者Y染色体，其中一半精子含有X染色体，一半精子含有Y染色体，决定着孩子的性别，而女性卵子的第23条性染色体均是X染色体。

当含有X染色体的精子与卵子结合，形成受精卵，这样受精卵中就有23对（46条）染色体。当第23对性染色体是含X染色体的精子与卵子中的X染色体结合，则形成XX受精卵，发育的胎儿就是女孩；当含有Y染色体的精子与卵子中的X染色体结合，则形成YX受精卵，发育的胎儿就是男孩。所有男人都携带同样的Y染色体，这个Y染色体属于一个原始人类的男人——亚当；当精子与卵子结合成受精卵后，精子中线粒体会启动一套自毁机制（2016年，中、美、日三国科研人员的最新研

原始人生活想象图

究成果），否则，胚胎存活率就会降低。男人和女人都携带线粒体 DNA，但是男人生殖细胞内的线粒体不会遗传给下一代，所以，发育的这个胎儿，无论男性还是女性，其身体细胞内的线粒体就只遗传有母亲细胞内的线粒体，而没有遗传父亲细胞的线粒体，胎儿细胞内的线粒体 DNA 只能来自于母亲，上溯源头，这个线粒体 DNA 只能属于那个原始人类的女人——夏娃。

同样，精子中的 Y 染色体在与卵子中的 X 染色体结合时，Y 染色体中的基因并不参与重组，保留其“男性”本色，从而决定了胎儿为男性，而且 Y 染色体中的决定性别的基因会一直遗传下去，即从人类第一个男性祖先——“亚当”，一直遗传到现在的每个男性，所以所有男性都具有一样的 Y 染色体基因。

尽管都是相同原版的复制品，Y 染色体也不一样，代复一代，变异会在 Y 染色体中积累变化，并在基因中记录下来，变异的结果直至发生基因突变。线粒体 DNA 也是如此，发生变异积累，并记录下来。这一切都已被遗传基因学、分子生物学研究所证实。

2003 年，美国、英国、日本、法国、德国和中国的科学家经过 13 年的努力，共同绘制完成了《人类基因序列图》。这一研究结果证明，现在我们 76 亿多人都可能源自一个“母亲”。

英国牛津大学人类遗传学家经十几年的 DNA 研究发现，全世界的人口分别繁衍自 36 个不同的、被称做“宗族母亲”的原始女人，所有这些“宗族母亲”又都是 20 万—15 万年前非洲大陆上一个命名为“线粒体夏娃”的女人的后代。尽管“夏娃”不是当时唯一活着的女性，然而她却是唯一一个将血脉延续繁衍到今天的原始女人，也就是说，我们身体细胞内的线粒体，都源自于这个“线粒体夏娃”。

牛津大学人类遗传学西基斯教授研究发现，现代欧洲人其实大多数都是远亲：97% 的现代欧洲人，其实都起源于 45000—10000 年前冰河时代的 7 个不同女人，这 7 个“宗族母亲”被他称做是“夏娃的 7 个女儿”，现代欧洲人细胞的线粒体 DNA 都来自于这 7 名原始女人的“线粒体 DNA”。

根据最近人类基因组研究，现代所有男人 Y 染色体都可以追溯到 50000 年前的那个男人——亚当。

## 人类的摇篮

大约在3300万年前，由于地壳板块的运动，汹涌炙热的岩浆从两个板块（阿拉伯板块与非洲板块）之间涌出，将古老的非洲大陆撕开一个巨大的裂口——东非大裂谷。2300万—500万年前，为东非大裂谷主要断裂运动期，500万—260万年前，为东非大裂谷大幅度错动期，并基本形成现在的样子。东非大裂谷深1000～2000米，最宽达200千米，长5800千米，是世界大陆上最大的断裂带。

东非大裂谷的形成，阻碍了非洲森林古猿的交流，长时间之后形成了生殖隔离。在东非大裂谷的东侧埃塞俄比亚中部阿瓦什河谷阿法尔洼地

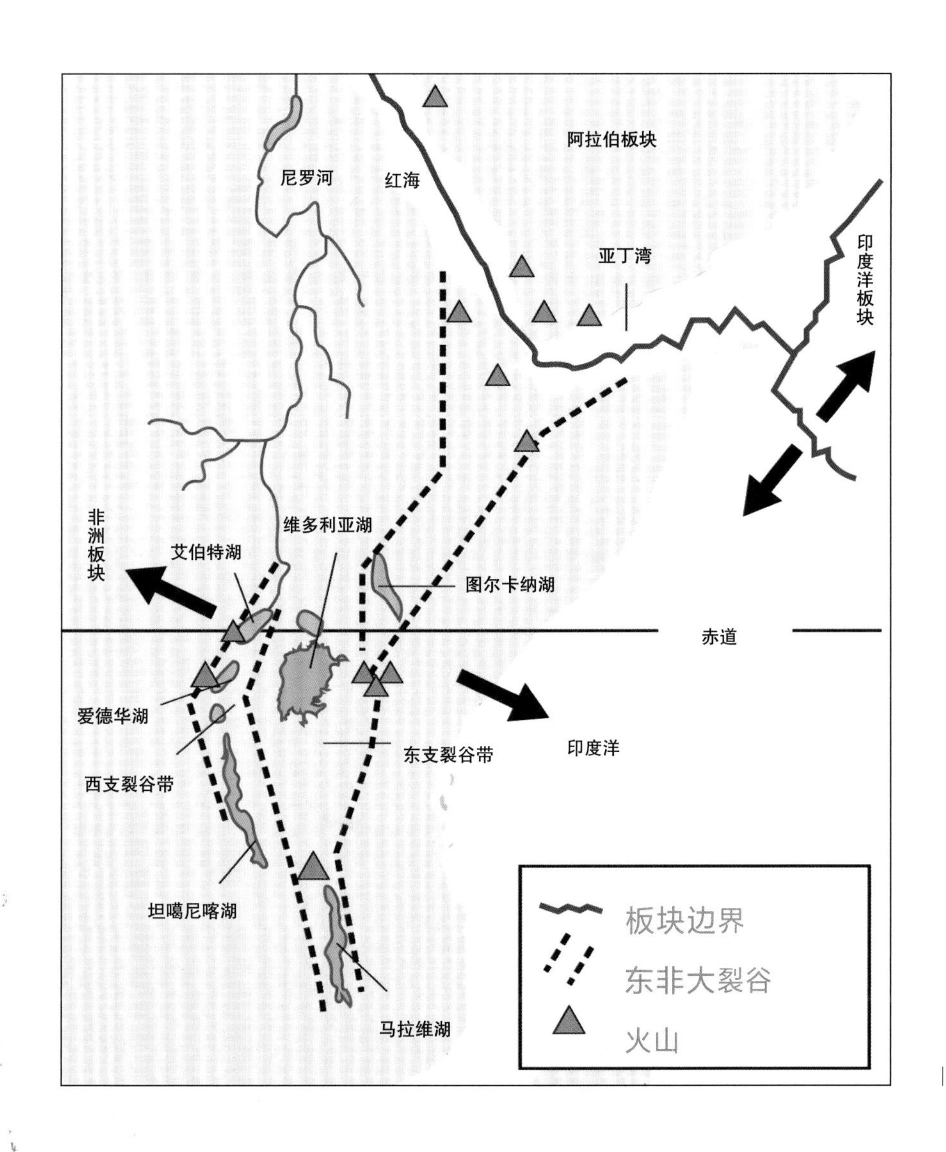


东非裂谷带示意图

东非大裂谷俯瞰图

无论肤色、人种、民族、文化有何不同，所有人类都属于同一“种族”，相互之间没有生殖隔离。

生活着一支古猿，为了适应地理环境和气候的变化，世世代代基因产生了适应性变异，形成了地猿，这也许就是我们人类的祖先。生活在580万—520万年前的卡达巴地猿是与黑猩猩分开的最早人类。1992年，在埃塞俄比亚发现了一具迄今保存最为完整的雌性古猿标本，经研究分析证明，它就是生活在440万年前的地猿始祖种，被命名为拉密达古猿（*Australopithecus ramidus*，简称Ardi），她位于人类系统树的根附近。

阿迪（Ardi）身高120厘米，大脑略大于黑猩猩，面部凹陷，像猿，双脚结实，能够直立行走，更适合行走，但不像露西那样行走自如。

根据阿迪的特征，古人类学家推断，阿迪具有混合型的特征，既有类人猿的“原始”特征，又有原始人类所共有的“衍生的”特征。

因此古人类学家假设，是阿迪（地猿始祖种）演化出了露西这样的南方古猿。

我们人族的基因是从露西那儿遗传来的。阿迪也可能是一个分支，与我们的直接祖先是姊妹种，但他们的宗族已经灭绝。

大约在320万年前，出现了有“人类祖母”之称的露西；250万年前，露西进化出能够制造简单石器的能人；200万年前能人进化出早期的直立人——匠人；80万年前匠人进化出了海德堡人；30万年前生活在非洲的海德堡人进化出智人。我们现代人都是智人的后代。

由此可见，人类起源于非洲大裂谷以东的埃塞俄比亚高原。正是东非大裂谷的形成，造成了生殖隔离，因而才进化出人类。

## 人类属于同一种族

要弄明白人类为什么源自非洲，首先要搞清楚物种的概念。什么是物种呢？物种是一个群体，单独一个生物不能称之为物种，其成员在形态上极为相似，各成员之间可以正常交配并繁殖可生育的后代。也就是说，同一物种繁育出的后代，具有生殖能力。虽然不同物种之间有的能交配，可以繁育后代，称其为杂种，但往往杂种是不具有生殖能力的。

比如，马、驴和骡子，都属于脊索动物门脊椎动物亚门哺乳纲奇蹄目马科马属。马、驴、骡子三者具有很近的亲缘关系，但马与驴属于不同的物种。在同一个生物属内的不同物种间，其亲缘关系十分接近，不同物种间交配有可能生育后代或杂种，如驴和马之间可产生骡子，据说只有

3% 的概率。即使同属于豹属的豹、狮、虎，豹与狮，豹与虎之间也无法结合产生杂种，同一个属内的不同物种，二者的亲缘关系相差较大，生物进化学上叫生殖隔离，二者之间的精卵不能结合形成受精卵，更无法发育成胚胎。

公马与母驴交配产生的杂种称为驴骡；公驴与母马交配产生的杂种称为马骡。多数骡子都是马骡，因为公驴与母马的基因更容易结合产生后代，而母驴与公马基因成功结合的概率很小，很难产生驴骡。

作为杂种的骡子是没有再生育能力的。

根据细胞的减数分裂，即生物细胞中染色体数目减半的分裂方式，马有 64 条染色体，则母马的卵子有 32 条染色体，驴有 62 条染色体，则驴的精子有 31 条染色体，通过精子卵子结合发育成新的个体——驴骡，却只有 63 条染色体。可以看出，骡子的细胞染色体无法正常进行减数分裂产生配子（精子或卵子），所以骡子不能进行再生育。

不只是骡子这样，其他杂种也都如此，所以杂种都不能进行再生育。更何况，在自然条件下，几乎不可能产生杂种。杂种多数都是人工条件下的产物，如狮虎兽。

而分布在世界各地的人，属于同一物种（种族），可以分成四大人亚种，通称白种人（高加索人种）、黄种人（亚洲人种）、黑种人（非洲人种）和棕种人（大洋洲人种），虽然这四个人亚种，相隔千山万水，在过去，未曾有过沟通和交流，但并没有产生生殖隔离。他们仍然是同一个物种，具有十分相近的基因，因为他们结婚后都可以生产可再生育的后代，从而佐证了人类单地起源说，而非多地起源说。也就是说，76 亿多的现代人，都具有一个共同的祖先，她就是来自非洲的智人。因此，人类属于同一个“种族”。

人类分为四大人亚种（自上而下：白种人、黄种人、黑种人和棕种人），但都具有十分相近的基因，说明人类可能源于同一个祖先。

## 人类进化过程的六座里程碑

生命本身就是一个奇迹，而人类的诞生就是奇迹皇冠上的宝石。人类作为世界上唯一拥有高等智慧的生命，是最初生命经过了 35 亿年演化的结果。

生命进化是生物基因突变引起的，自然选择的结果。基因突变是随机的，是不可重复的，因为任何新物种的诞生，既受到当时的环境、当时的地理、当时的气候等条件的制约，又受到新物种“父母”自身条件以及受精卵的控制，可以说，每一个新物种的诞生都有偶然性，都是随机的，

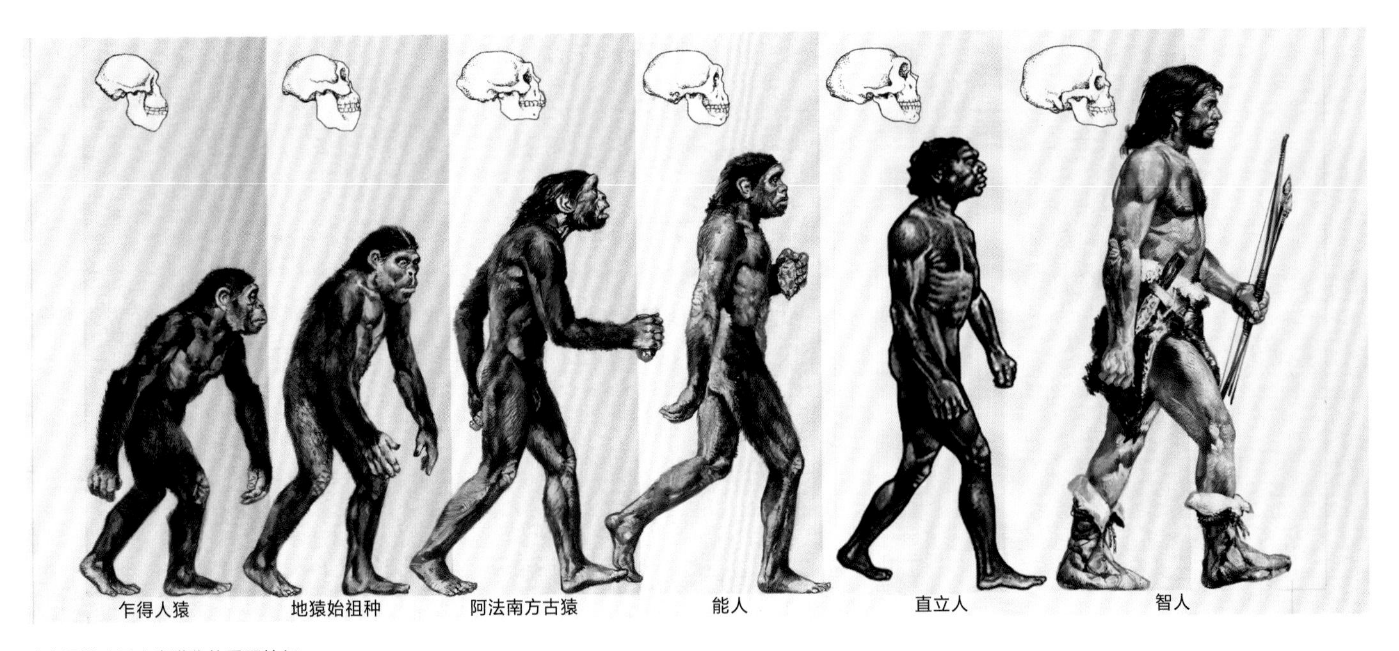


脑容量增大是人类进化的重要特征

不具定向性。而生命进化都是在自然选择的驱使下适应性变异的结果，因此进化并不总是由简单到复杂，由低级向高级方向发展的。

人类的进化走过了六个十分关键的阶段，可以将之比喻为六座里程碑。

**第一座里程碑：**猴子由四足行走进化为半直立的指掌型行走，失去了尾巴，有了阑尾，但仍以树栖生活为主，代表性的有森林古猿（脑容量约 167 毫升，下述均为脑容量）、乍得人猿（约 340 毫升）。

**第二座里程碑：**由半直立指掌型行走进化为近似直立行走，不发育足弓，开始从树上下到地面，偶尔在地面生活，代表性的有卡达巴地猿、地猿始祖种（380 ~ 400 毫升）。

**第三座里程碑：**由于气候干冷，森林面积减少，出现了大量的林间空地，地猿始祖种更多地下到地面生活，更多地直立行走，足弓发育不明显，牙齿变小，开始吃肉，脑容量增大（400 ~ 500 毫升），代表性的是阿法南方古猿。

**第四座里程碑：**能够制作粗糙的石器，脑容量变得更大，为 600 ~ 800 毫升，嘴巴前突，开始有了足弓，代表性的是能人。

**第五座里程碑：**有了发育的足弓，上肢明显缩短，因出汗导致体毛消失，鼻头隆起，学会使用火，吃烤熟的肉，脑容量 1000 ~ 1300 毫升，开始有了简单的语言，这也可以称得上脊椎动物进化史上的第九次巨大飞跃，代表性的直立人有匠人（800 ~ 1000 毫升）、海德堡人（1000 ~ 1300 毫升）。

**第六座里程碑：**脑容量明显增大，脑容量超过 1300 毫升，最高到达 1750 毫升，吃肉明显增多，可以用丰富的语言交流，有了埋葬死者的习惯，可以制造精致的工具，如精致石器、弓箭和长矛等，代表性的有尼安德特人（1200 ~ 1750 毫升）、智人（1400 ~ 1600 毫升）。

## 14.2
# 早期灵长类阶段

最早的似灵长类可追溯到6000多万年前的更猴，它生活在北美洲和欧洲，体形与现代的灵长类动物相差很大；5500万年前的阿喀琉斯基猴，是迄今为止发现的最早的灵长类动物，化石发现于我国湖北省荆州地区；4500万年前的中华曙猿，化石发现于我国江苏省溧阳市；3800万年前的“甘利亚”，化石发现于缅甸中部古城蒲甘。人类可能是由它们进化而来的。由此古人类的演化图可描述为：阿喀琉斯基猴在亚洲诞生，并向其他大陆扩散；3400万年前，全球气候急剧变冷，灵长类在环境急剧变化的情况下，形成了两个不同的演化模式。繁盛于北美、亚洲北部和欧洲的灵长类几乎完全绝灭；与此同时，生活在非洲北部和亚洲南部热带丛林的灵长类，却存活了下来。幸存下来的这支灵长类最终走出非洲，扩散到亚欧大陆。1300万年前出现了没有尾巴的古猿，东非大裂谷的出现导致生殖隔离，使森林古猿进化出人形动物；700万年前，森林古猿分化出乍得人猿和大猩猩；580万—520万年前，地猿（卡达巴地猿）和黑猩猩从乍得人猿那里分家；大约在440万年前，进化出地猿始祖种——阿迪，390万年前进化出阿法南方古猿，并在250万年前，进化出能人，200万年前进化出直立人，早期非洲的直立人是匠人（亚洲是元谋人），他们第一次走出非洲，后来灭绝；80万年前，匠人进化出海德堡人，一部分海德堡人第二次走出非洲，首先到了欧洲和西亚，生活在欧洲的海德堡人在40万年前进化出早期智人（尼安德特人）；30万年前，仍然生活在非洲的海德堡人进化出晚期智人（智人）——我们现在人类的直接祖先，约在16万年（或5万年）前，他们第三次走出非洲，一支先到印度，另一支到达了欧洲、亚洲，战胜或消灭了生活在当地的直立人和尼安德特人，最终占领了全世界。

### 更猴——最早的似灵长类

更猴，是已知最早的似灵长目的哺乳动物，生活于6000多万年前的

更猴生态复原图

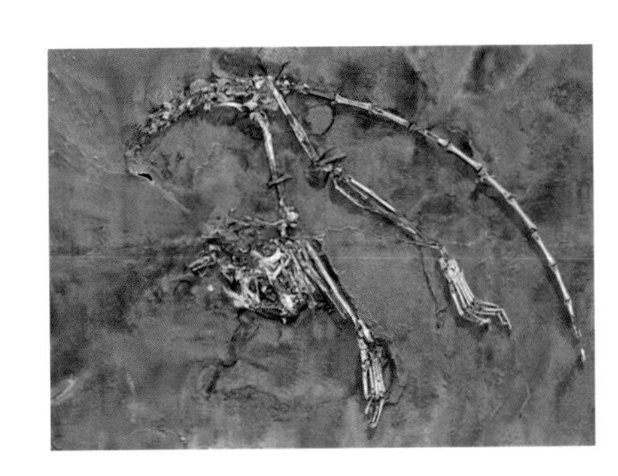

阿喀琉斯基猴化石

北美洲和欧洲。形似松鼠，有爪，眼睛在头部的两侧，大部分时间生活在树上，以果实及树叶为食。更猴早已灭绝，与现代的灵长类似乎没有关系。

## 阿喀琉斯基猴——最古老的灵长类

阿喀琉斯，是希腊神话中凡人珀琉斯与仙女忒提斯的儿子。忒提斯为了让儿子炼成“金刚之躯”，在他出生后，就用手提着他的脚后跟，将其浸入冥河。可惜的是，被母亲捏住的脚后跟却不慎露在水外，全身留下了唯一薄弱之处。后来，阿喀琉斯被帕里斯一箭射中了脚后跟而死去。后人常以“阿喀琉斯之踵”比喻，即使再强大的英雄，也有致命的软肋。

阿喀琉斯基猴是一种已灭绝的灵长类动物，生活于约 5500 万年前潮湿、炎热的湖边，是迄今发现的最早的灵长目动物。身长约 7 厘米，体重不超过 30 克，体形娇小，像侏儒狐猴。具有修长的四肢，善于跳跃，也能在地面上行走。牙齿尖小，大眼窝，拥有良好的视力，以昆虫为食。阿喀琉斯基猴，由于其脚后跟的骨头长得短而宽，很像类人猿，因此借用“阿喀琉斯之踵”之义，将其种名定为“阿喀琉斯基猴”。化石在 2003 年

阿喀琉斯基猴生态复原图

中华曙猿生态复原图

发现于我国湖北省荆州地区，由中国科学院古脊椎动物与古人类研究所倪喜军教授和他的团队经过10年的潜心研究并命名，该研究成果被我国评为“2013年古生物十大重要科学成果”。

阿喀琉斯基猴最显著的特征是长着一双比小腿还长，甚至超过大腿长度的大脚，且大脚趾能够与其他四个脚趾对握抓在一起，它同时兼具类人猿和眼镜猴的特征。它可能是人类和猿猴的共同祖先。

## 中华曙猿——高等灵长类

1994年我国著名的古人类学家林一璞、齐陶等人，在江苏省溧阳市上黄镇发现了中华曙猿的足骨化石。

中华曙猿，生活在4500万年前中国东部的沿海雨林中，是一类体形很小的灵长类。化石的发现向人们暗示：高等灵长类的起源地更可能是在东方，在中国。所谓“曙猿”，意思就是“类人猿亚目黎明时的曙光”。

甘利亚——似类人猿

甘利亚生态复原图

2005年，在缅甸中部的古城蒲甘发掘出土的化石碎片，经研究被命名为“甘利亚”（Ganlea），最为世人关注。据测算，化石距今约3800万年，主要是动物的下颌骨和牙齿。科学家研究发现，这种动物的牙齿大而锋利。

美国宾夕法尼亚州卡内基自然历史博物馆的古生物学者、研究缅甸类人猿化石的专家克里斯·比尔德博士说：“甘利亚的发现表明，早期亚洲类人猿在3800万年前已经呈现出现代猴子的特征。”

甘利亚长得像类人猿，从磨损严重的犬齿化石可以推断出，这种栖息在树上，有着长尾巴的动物已懂得用牙齿去撬开坚硬的热带水果的表皮，取食果肉和种子。

灵长类动物猴子的主要特征：（1）因颌部变短，脸部变扁，头骨呈球状；（2）上下颌短，脑腔很大，大脑发达，智力较高；（3）嗅觉弱于视觉、触觉和听觉，有辨色能力；（4）双眼与人类相似，有眼窝，眼睛长在面部，具有立体视觉；（5）四肢长并有明确分工，关节灵活运用自如，拇指可与其他四指对握，双手具有一定的操作功能，如采摘，捡拾和抓握等；（6）利用前肢可以在树间游荡迁徙。

## 14.3
# 古猿阶段
## （1300万—260万年前）

大约1300万年前，人类进化进入了古猿阶段。

按时间顺序，古猿依次出现的是森林古猿—乍得人猿—地猿—南方古猿。古猿的特征演化是，脑容量明显增大，尾巴明显退化，体形变大，足弓从无到有，由四足行走、到指掌型半直立行走、再到两足直立行走；从树栖生活到地上生活。

## 森林古猿

森林古猿复原图

类人猿，简称猿，是灵长目中智力较高的动物。类人猿是指无尾巴的类人灵长类动物，包括长臂猿科（较小的类人猿，长臂猿）和猩猩科（较大的类人猿，红毛猩猩、大猩猩以及黑猩猩、倭黑猩猩）。猿与猴的区别主要是猿无尾、有阑尾，大脑复杂。这里的类人猿是指人科。

这是人类进化史上的第一座里程碑：猴子由四足行走进化为指掌型半直立行走，失去了尾巴，有了阑尾，但仍以树栖生活为主，代表性的有森林古猿、乍得人猿。

大约在 1300 万—900 万年前，在热带雨林地区和广阔的草原上活跃着一种灵长类动物——森林古猿，它们是人类最早的祖先。在非洲、亚洲和欧洲许多地区都曾发现过森林古猿存在的遗迹和化石。

森林古猿既是人类的祖先，也是现代红毛猩猩、大猩猩和黑猩猩的祖先，具有猿类和人类共同的体态和行为特征。

森林古猿身体矮小粗壮，身高约 60 厘米，体重 11 千克，脑容量约 167 毫升。胸廓宽扁，下巴宽平，嘴唇长而宽并向前突出。过着群居生活，在树林间荡来荡去，主要以树叶和果实为生。森林古猿的后肢非常灵活，手非常大而有力，手指强壮的肌肉可以牢牢地抓握树枝，说明它们绝大部分时间生活在树上，偶尔也下到地上生活，四肢着地前行。

森林古猿有两个演化支，一支向猩猩类演化，大约在 1250 万年前，森林古猿进化出腊玛古猿（雌性；雄性为西瓦古猿）；1200 万年前，森林古猿进化出红毛猩猩（有待进一步考证）；大约 200 万年前，腊玛古猿可能进化成巨猿，30 万年前，巨猿灭绝。

另一支向人类演化。由于森林大面积消失，大量的森林古猿不得不下地行走。长期的下地行走使得它们逐渐进化学会了直立行走。

人类的祖先是一些从树上来到地面生活的古猿，主要活动在森林边缘、湖泊、草地和林地

森林古猿生活想象图

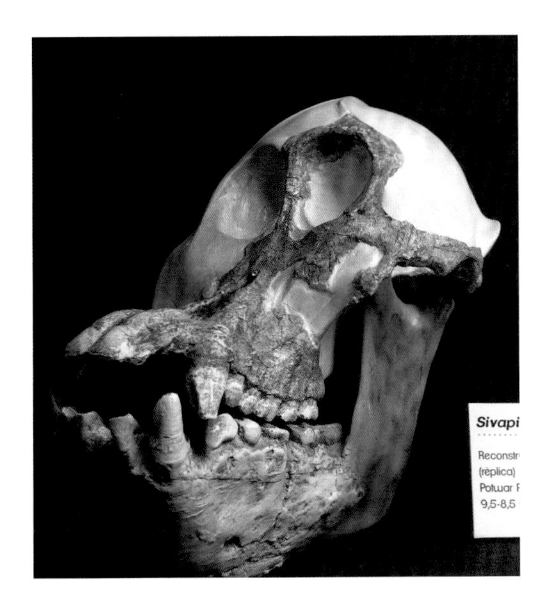

西瓦古猿颌骨碎片

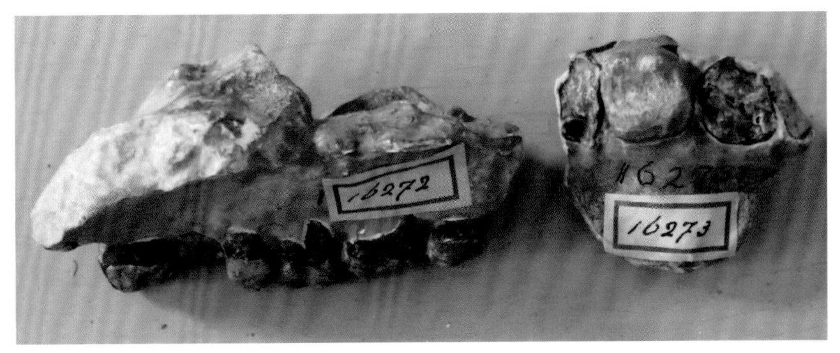


西瓦古猿头骨化石

正在制造工具的红毛猩猩

生活在树上的红毛猩猩

腊玛古猿生活复原图

间。地面的生活使它们的体形变大，骶骨也变得厚大，骶椎数增多，髋骨变宽，内脏和其他器官也相应地发生变化，为直立行走创造了条件，这样前肢可以从事其他活动，手变得灵巧，从而完成了从猿到人的第一步。这些都是在漫长的岁月里完成的。大约在700万年前，乍得人猿与大猩猩从森林古猿那里分化出来；600万—500万年前，地猿（卡达巴地猿和地猿始祖种）与黑猩猩又从乍得人猿那里分家；在400万年前左右，地猿始祖种进化出阿法南方古猿，最著名的阿法南方古猿露西，被誉为“人类祖母”。

## 西瓦古猿与红毛猩猩

西瓦古猿，属灵长目人猿总科人科猩猩亚科。雌性西瓦古猿可能是腊玛古猿。西瓦古猿生活于1250万—850万年前的中新世，化石发现于印度、巴基斯坦边境的西瓦立克山区。根据分子生物学的研究，腊玛古猿现已不再被认为是人类的祖先。它们可能在700万年前与黑猩猩、大

**幼小的红毛猩猩**

红毛猩猩，体长雄性约 97 厘米，雌性约 78 厘米；身高雄性约 137 厘米，雌性约 115 厘米；体重雄性 60 ~ 90 千克，雌性 40 ~ 50 千克。手臂展开可以达到 2 米长，利于在树林之间摆荡。绝大部分猩猩的血型是 B 型。雌性约在 10 岁达到性成熟，到 30 岁停止生育。3 ~ 6 年产一崽，怀孕期为 230 ~ 270 天。

猩猩及人类的共同祖先分隔。

红毛猩猩（印尼语为 Orangutan，意为“森林中的人”），也称猩猩，属猩猩亚科。红毛星星由森林古猿进化而来，是亚洲唯一的大猿，现仅分布于加里曼丹岛和苏门答腊岛的丛林里。

通过基因组测序分析，红毛猩猩的基因组与人类的相似度约为 96.4%。它们与腊玛古猿非常相似，所以研究者普遍认为腊玛古猿与现代猩猩具有共同的祖先，可能在约 1200 万年前从祖先那里分化出来。主要吃果实、蔓生植物，偶尔也吃鸟卵和小型脊椎动物。

红毛猩猩过着独居生活，雄性与雌性间没有什么联系，各自有自己的

丛林中的巨猿生活想象图

巨猿想象图

巨猿臼齿化石
（广西壮族自治区博物馆）

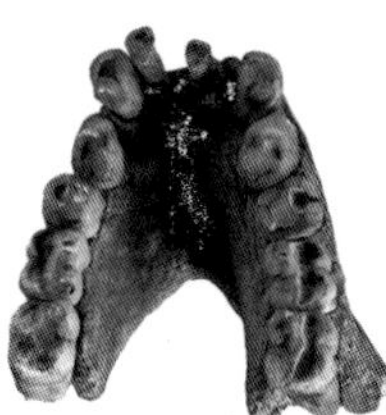

巨猿下颌骨化石

柳州柳城巨猿洞

巨猿与人类接触想象图

领地，并不在一起生活，组建家庭。雄性与雌性交配后，一拍屁股走人。

## 巨猿

巨猿，属哺乳纲灵长目类人猿总科人科猩猩亚科巨猿属，生活在200多万年前，直到30万年前才彻底灭绝。人类学家认为，巨猿是西瓦古猿的后裔，与红毛猩猩关系接近。

1935年，一位荷兰古生物学家G. H.孔尼华在香港中药铺的中药“龙骨”里搜集到一颗巨大暗黄色臼齿，比人牙大1倍，它就是后来被称为巨猿的牙齿。巨猿化石发现于中国、印度和越南。其中在中国广西壮族自治区柳州市柳城巨猿洞发现巨猿下颌骨化石3件，巨猿牙齿1100多枚，这些化石代表着77个巨猿个体，为迄今世界上出土巨猿化石最多的一处洞穴。对于研究巨猿和人的系统以及人类进化都具有重大的科学价值。

巨猿化石与几种人科在时间上和地理位置上相同。化石记录的步氏巨猿是最大的巨猿，站立时高达3米，体重约545千克，比大猩猩重2 ~ 3倍，比其近亲红毛猩猩重四五倍。巨猿四足行走，偶尔能够直立行走。性情温顺，植食性，最喜欢吃竹子，也吃树叶和果实。最近有证据表明，巨猿也可能是杂食性的。巨猿最终灭绝可能与气候转变有关。

## 乍得人猿与大猩猩

关于人类祖先出现的确切时间目前尚无定论，但最早的人类祖先大致在距今700万—500万年前，即中新世晚期出现，最早人类祖先的一个重要标志就是能够站立起来，双足直立习惯性行走。

### 乍得人猿

乍得人猿，又叫乍得沙赫人，是最古老的人类祖先，也许是人类和黑猩猩最近的共同祖先。生活在中新世时期，约700万年前，出现在非洲乍得，与人类及其他非洲的猿类有关。分子生物学研究表明，

巨猿复原图

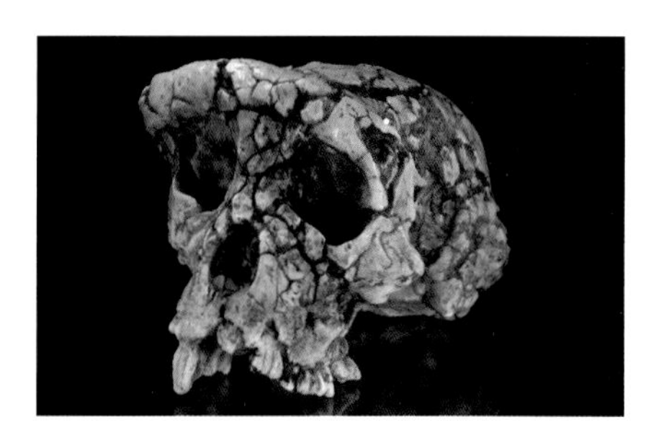
乍得沙赫人头颅骨

乍得沙赫人头部复原图

乍得沙赫人生态复原图

人类和黑猩猩是在乍得人猿之后 100 万～ 200 万年后分支出来的。

乍得沙赫人头骨化石完整，颅骨很小，牙齿细小，脸部较短，眉骨较为突出，有厚厚的牙釉质，这与人类有明显的区别。同时具有进化和原始的特征，脑容量为 340 ～ 360 毫升，与现在的黑猩猩相近。

乍得沙赫人是介于大猩猩与黑猩猩之间的物种，虽然有一些早期人类的特征，但仍然是猿类，体态和行为与黑猩猩并无两样，体毛浓密，前肢长于后肢，主要生活在树上，以吃树叶和水果为生，四肢行走，过着以雄性为首领的群体生活。乍得沙赫人虽然有了直立行走的能力，但像外八字脚走路一样，扭动着屁股向前挪动脚步。大约在 500 多万年前，乍得沙赫人进化出地猿。

### 大猩猩

大猩猩，属人猿总科人亚科，生活于非洲大陆赤道附近的丛林中。大猩猩是灵长目中最大的动物，直立时身高 1.75 米，臂展可达 2.75 米。雌性和雄性大猩猩的体重区别比较大，雌性大猩猩重 70 ～ 90 千克，雄性大猩猩可达 275 千克。大猩猩面部和耳上无毛，眼上的额头往往很高。12 岁以上的年长雄性大猩猩的背毛色呈银灰色，因此被称为“银背”。绝大多数的大猩猩的血型是 B

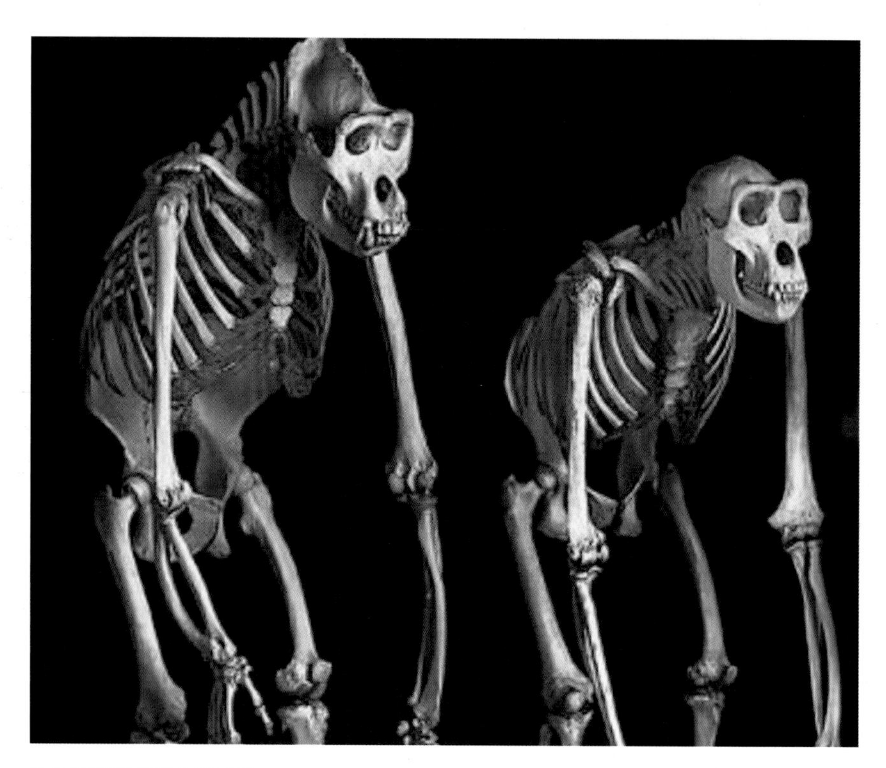

雄性大猩猩和雌性大猩猩骨架

大猩猩（成年体）

带孩子的雌性大猩猩

型，少数为A型。大猩猩和人一样有各不相同的指纹。

大猩猩是群居动物，通常一个大猩猩的群体由一个雄性首领与数个雌性和幼仔组成。有时一个群中会有2个以上的雄性，但只有雄性大猩猩首领有权与雌性大猩猩交配。雄性大猩猩首领主要负责解决群内争斗，决定群体活动，保护群体安全等。大猩猩用不同的叫声来确定自己群内的成员和其他群的位置，并通过敲击胸脯发出声音用于示威。无论雌雄，大猩猩都会敲击胸部。

大猩猩寿命一般是30～50年。雄性一般在11～13岁性成熟，雌性一般在10～12岁性成熟。雌性大猩猩孕期长达255天。两次生产的间隔为3～4年。刚产下的幼子重约2千克，3个月后就可以爬动。幼仔一般跟随母亲生活3～4年。

大猩猩是所有人猿中最纯粹的植食动物，主要食物是植物的果实、叶子和根，其中叶子占主要部分。昆虫占它们食物的1%～2%。根据对大

用指关节行走的黑猩猩

猩猩基因组测序分析，大猩猩的基因组与人类的相似度约98%，因此它是继黑猩猩属之外，与人类最接近的现代动物，在1000万—700万年前与人族（乍得人猿）走上不同的进化道路。

## 黑猩猩与地猿

### 黑猩猩

黑猩猩与人类具有最高的基因相似度，对黑猩猩基因组测序分析发现，其与人类基因组相似度高达99%。这说明黑猩猩与人类拥有最近的共同祖先，是人类最近的“姊妹”。

黑猩猩，英文名Chimpanzee，在非洲土语中意指“小精灵”，属于哺乳纲灵长目，与大猩猩的最大区别是，黑猩猩的体形比大猩猩小。黑猩猩是猩猩科中最小的种类，体长70.0～92.5厘米，站立时高1～1.7米，体重雄性56～80千克，雌性45～68千克。身体被毛较短，黑色；面部灰褐色，手和脚灰色并覆以稀疏的黑毛；臀部通常有一白斑；犬齿发达，齿式与人类相同；无尾。有黑猩猩和小黑猩猩（倭黑猩猩）两种。

黑猩猩生活于非洲西部和中部地区的热带森林里，通常成群地生活，拥有复杂的社会关系。每个群体就像一个部落，拥有一个雄性首领，由数十个，甚至上百个黑猩猩成员组成一个大家庭。黑猩猩群体为了争夺领地往往会进行殊死的搏斗，它们只有保护好领地，才有足够的果树来养活群体。

为防止近亲结缘，几乎所有群体生活的哺乳动物和灵长类，都是“妇居制”（雌性为首领），即雌性成年后仍会留在自己的群体内，雄性到了青春期就必须离开父母的群体，如狮子、马、狼，以及倭黑猩猩等。黑猩猩群体却是“父居制”，以雄性为主导，雄性首领具有与群内雌性黑猩猩交配权，并负责保卫领地和抵御外来群体的掠侵，保护群体的安全，所以雄性体形比雌性体形大50%。雌性幼崽成年后，就必须离开群体，所以雌性黑猩猩之间没有紧密的关系。

黑猩猩王与猴王有着同样的命运，就是被年轻的黑猩猩推下王位并被杀死。即使如此，雄性黑猩猩都愿意争夺王位，成为群体首领，占据高位，因为可以获得更多的配偶和交配机会，有更多自己的孩子。

黑猩猩体多毛，四肢修长且皆可握物。为延长手臂的长度，黑猩猩

雄性黑猩猩首领

倭黑猩猩

前肢用手上的指关节着地行走，所以呈半直立式的指掌型行走。由于其肩肘关节的适应性，它可以在树枝上悬挂。黑猩猩还拥有较高的智商。以吃水果为生的黑猩猩，在水果不充分时，也吃树叶、花朵和嫩叶，偶尔也捕获一只猴子解解馋。它们可以制造和使用简单的工具来觅食，如用修理好的树枝在白蚁堆前捕食白蚁。生物学家曾多次观察到雌性黑猩猩制作工具来捕猎丛猴。它们甚至跟人类一样也有喜怒哀乐。

黑猩猩的社会结构很像我们人类，有等级制。在黑猩猩群体内，群体成员往往对首领点头哈腰，俯首称臣，小声应对，顺从呼唤，首领则以碰碰手指，摸摸头部，予以回应。雌性黑猩猩既可以“爱情专一”，也可以与多个雄性“相爱”。

黑猩猩是半树栖动物，白天多数在地上活动，上午在森林里走来走去，到处觅食，下午聚在一起相互理毛，玩耍休息，并在树上用树枝树叶编织成一个舒适的“树床”，到了太阳快要落下的时候，黑猩猩纷纷回到“树床”上睡觉，一直睡到第二天早上太阳升起的时候，才起床。

黑猩猩的智商相当于人类 5 ~ 7 岁的儿童，其行为方式也很像我们人类的小孩子，对事物充满好奇，喜动不喜静，动作机敏灵活，常常几个聚在一起打打闹闹，有时候也喜欢玩“打秋千”“捉迷藏”的游戏。

**智人与黑猩猩的共性特征**

（1）智人基因组与黑猩猩的相似度高达 99%；

（2）二者具有肩肘关节的适应性，上肢或前肢可以抓握住树枝，把身体悬挂在半空中；

（3）二者都是杂食性哺乳动物，以水果为主，也吃树叶或动物的肉；

（4）具有相似的社会结构，过着群居生活，“父居制”社会，雄性为首领，首领负责保护领地和群体；

（5）二者没有尾巴，都有阑尾，脑结构复杂；

（6）二者都具有喜怒哀乐，可以制作使用工具；

（7）二者怀孕周期都是 7 ~ 9 个月；

（8）二者都有抚育幼子的习惯和能力。

**智人与黑猩猩的差异性特征**

（1）智人的舌尖发育出味蕾，比黑猩猩对气味更加敏感，可以感知食物的酸甜苦辣咸，以及芳香与臭气等；

刚果河将黑猩猩、大猩猩与倭黑猩猩分隔开来

（2）智人对颜色的分辨率比黑猩猩高许多，能够分辨出几十种，甚至上百种颜色；

（3）与黑猩猩相比，智人的牙齿变得更小，发育了智齿，下颌骨变窄，有明显的下巴颏；

（4）智人习惯于地上生活，两足站立，直立行走，足部有发育的足弓，有利于两足直立，长足跋涉；黑猩猩习惯于树上生活，其大脚趾与其他脚趾明显分开，可以对握抓住树枝，有利于在树上行走，在地上活动时，四肢着地，指掌型半直立行走；

（5）与黑猩猩相比，智人头颅变得更圆，没有明显突出后脑勺，面

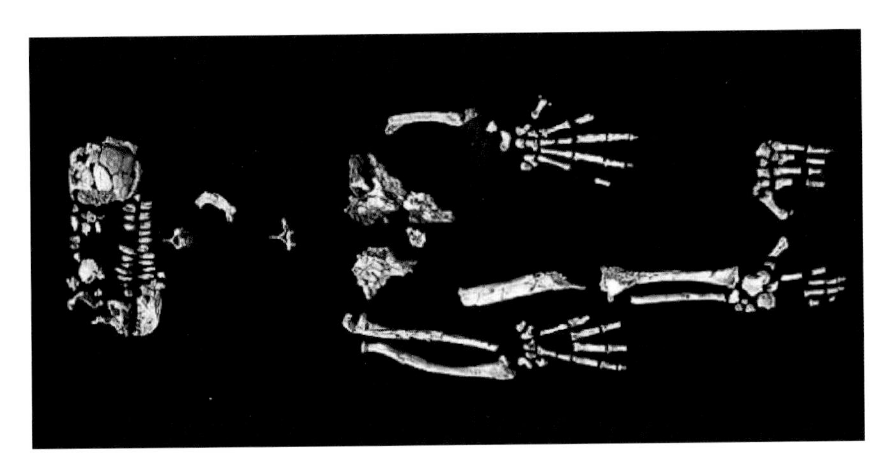

地猿始祖种骨骼

阿迪（拉密达古猿）复原图

阿迪（Ardi），身高约120厘米，大脑略大于黑猩猩，颜面中部相当突出，似猿，但颜面下部没有现代猿那样特别突出。

部更加扁平；

（6）与黑猩猩相比，智人的舌头十分灵敏，有发达的语言天赋，听小骨更加完善，有灵敏的听觉能力；

（7）智人的犬齿没有黑猩猩的犬齿那么明显；

（8）智人一般有A，B，AB，O四种血型，黑猩猩只有O和A两种血型；

（9）智人有23对（46条）染色体，黑猩猩有24对（48条）染色体，所以智人与黑猩猩之间不会产生混血；

（10）在体形特征、行为习惯等方面，智人与黑猩猩也有明显不同。

由于刚果河的分割，在河北岸的黑猩猩与大猩猩，生活在同一个地区，那里食物并不充裕，为了争夺食物，大猩猩与黑猩猩往往大打出手，因此北岸的黑猩猩显得好斗。在黑猩猩的群体内，雄性用暴力强迫雌性服从它们。

生活在刚果河南岸的倭黑猩猩约在300万年前由黑猩猩进化而来。由于南岸食物充足，且不与大猩猩争夺食物。所以倭黑猩猩的社会与黑猩猩社会恰好相反，以雌性为主，和谐平安，性事活动相当随意，一是为了生殖，二是为了社交与和解。倭黑猩猩是“妇居制”社会，这种雌性主导的群体，在灵长类里是绝无仅有的。在一个大家庭里个体间关系平等，雌性之间关系密切，它们靠性事维持和谐的社会关系，而且不分场合，不分时候，无论雄雌，随时随地，两个个体间发生性关系。

卡达巴地猿生态复原图（ROM DIZ）

拉密达地猿生活想象图

来自阿迪的凝视

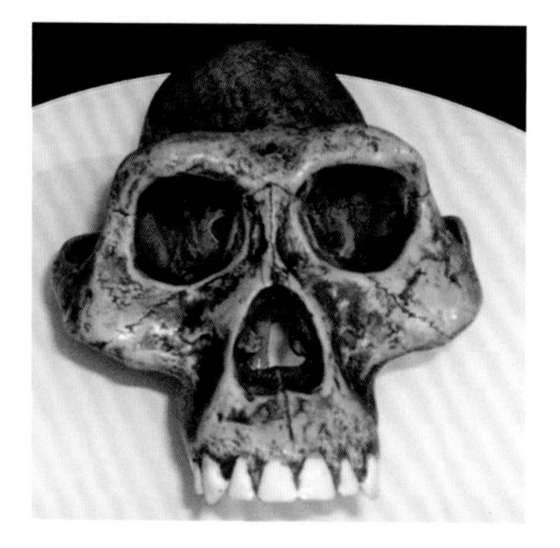

阿法南方古猿头颅化石

**地猿**

在四五百万年前，从地猿到现今人类，其基因变异都是连续的，并在DNA 中都保留有变异的记录。遗传学研究证明，黑猩猩和倭黑猩猩与人类的血缘关系最为接近。人类兼具黑猩猩和倭黑猩猩两种相互矛盾的行为，即更具攻击性和亲和力。

在 620 万—460 万年前，人类的祖先（地猿）与黑猩猩还是同胞兄弟，都生活在非洲的密林里，在体态和行为上，与黑猩猩一样。在 650 万—500 万年前，全球气候变得极为严酷，地球表面几乎被冰川覆盖，海平面下降，地中海反复干枯，非洲也由湿润变得干冷，赤道附近的森林退缩，树木死亡，林间出现大面积空地，我们的祖先地猿首先从树上下到地上，更多地在林间空地上生活，大约经过近百万的进化，我们的祖先逐渐适应了地面生活，并慢慢学会了直立行走。

地猿，属于人亚科人亚族。生活在 580 万—440 万年前非洲的埃塞俄比亚茂密的森林中。1992 年，研究者在东非的埃塞俄比亚中部的阿瓦什，发现两个地猿物种的化石。一种叫卡达巴地猿（*Ardipithecus kadabba*），生活在 580 万—520 万年前的森林中。研究者认为，这是人类与黑猩猩分家后的最早的灵长类动物，能直立行走，其犬齿有原始的特征，与现今人族不同；另一个叫地猿始祖种（*Ardipithecus ramidus*），也可以直立行走。

这是人类进化史上的第二座里程碑：由指掌型行走进化为近似直立行走，从树上下到地面生活，在地上捕获猎物，在树上采集果实树叶，并休息，代表性的有地猿始祖种。

地猿始祖种也称拉密达地猿（*Ardipithecus ramidus*），她的化石是一具不完全的雌性地猿骨架，被科学家昵称为“阿迪”。阿迪，身体矮小，身高 120 厘米，大脑略大于黑猩猩，颜面似猿，不是现存的黑猩猩和大猩猩之间的过渡物种。她的颧骨上颌骨不像南方古猿那样宽阔且位置靠前。头骨特征显示阿迪与现代猿和南方古猿都不同。

阿迪的骨盆和髋骨显示出她能够直立行走，但是阿迪不发育足弓，并不能像人类或露西一样行走自如。她的手和腕既原始又有一些新的特征，手掌和手指相对短而灵活，但脚比黑猩猩更僵硬，这表明她的脚既用来在地上直立行走，也用来在树枝顶端小心攀爬走动。

研究人员推断地猿始祖种既有与其祖辈所共有的“原始”特征，又有与后来的原始人类所共有的“衍生”的特征。研究人员根据阿迪在人类谱系中的确切位置，提出这样的假设：地猿始祖种产生了露西这样的南方古猿阿法种，而我们人族的基因是从露西那儿遗传来的。同时，研究者也指出，阿迪也可能是一个分支，与我们的直接祖先是姊妹种，但是它们的宗族已经灭绝。

两足站立、直立行走，是脊椎动物进化史上的第八次巨大飞跃。地猿始祖种直立行走迈出的一小步，却开启了人类走出非洲，走向文明的一大步。

南方古猿复原图

露西骨架化石及复原图

## 南方古猿——最早的人类

在 400 万—300 万年前，地猿始祖种进化出人类进化史上一个有重要意义的物种——南方古猿阿法种，它也是最著名的类人猿，它的大拇指与其他四指仍然分开，用来抓握树枝，习惯于树栖生活。

南方古猿被分为纤细型南方古猿（410 万—300 万年前）和粗壮型南方古猿（360 万—110 万年前）两大类，纤细型包括湖畔种、阿法种、非洲种、惊奇种、羚羊种等；粗壮型包括鲍氏种、粗壮种、源泉种等。主流观点认为，粗壮型南方古猿是演化的旁支，经过鲍氏种演化成粗壮种，并在约 150 万年前灭绝；纤细型中的一支阿法南方古猿则向着人类方向进化，经过能人、匠人（直立人）、海德堡人到智人，最终演化成我们现代人。

早期的南方古猿（纤细型），身上有较浓密的毛，栖息在林地或森林中，多数时间生活在树上，最具代表性的是"露西"（Lucy），有"人类祖母"之称，生活在 320 万年前。化石是 1974 年 11 月在埃塞俄比亚的哈达尔阿瓦什低谷被发现的。露西是一具 40% 完整的骨架，生前是一个 20 多岁的女性，身高约 122 厘米，脑容量约 450 毫升。她已经生了孩子，一次不小心从树上掉下来摔死。露西已经可以直立行走，但依然将家安在树上，他们有长而弯曲的指骨，使得在攀爬时可以有力地抓住树枝。这就是说，早期的人类既可以在地面上直立行走，又能像黑猩猩一样悬挂在树上。由于足弓不明显，说明不能长距离行走。

晚期的南方古猿（粗壮型），生活在非洲东南部更为开阔的野外环境。猿类由于从茂密的森林向热带稀树草原环境迁徙，而学会了直立行走。

与黑猩猩用指关节行走相比，南方古猿行走方式既省力，又移动得更快。南方古猿与猿区别不大，仍然以长臂游荡于树间。脑容量相差无几，只有 400 ~ 500 毫升，约为现代人的 35%。南方古猿面颅较大，颧骨弓向两侧突出，额鼻缝呈倒 V 字形，下颌骨较粗壮，臼齿很大，而门齿和

非洲南方古猿生活想象图

有证据表明，非洲南方古猿喜欢在既有树木，也有开阔草原，还有湿润沼泽的地区安营扎寨。

犬齿较小，无齿缝；骨盆短而宽。形态、行为与猿无异，雄性体形远大于雌性，约大50%，南方古猿的胳膊比腿长。从骨盆、腿骨和足骨的结构可以肯定南方古猿已能直立行走。大约在300万—200万年前，非洲又长时间出现干旱寒冷气候，非洲森林进一步缩小，南方古猿渐渐开始捕猎吃肉，随着食肉的增多，大约在250万年前，随着阿法南方古猿脑容量开始增大，牙齿变得尖锐而小，进化成能人。

这是人类进化史上的第三座里程碑：更多时间在地上生活，直立行走，开始吃肉，脑容量增大，牙齿开始变小，代表是阿尔法南方古猿。

阿法南方古猿在火山灰上留下的足印（非洲坦桑尼亚莱托里遗址）

南方古猿生活想象图

南方古猿生活、狩猎想象图

14.4

# 人属阶段
## ——旧石器文明的开启

约 260 万年前，第四纪开始，全球气候出现了明显的冰期与间冰期交替模式，灵长类完成了从猿到人的进化，哺乳动物的进化最为明显，第四纪最为重要的事件是在非洲出现了能够制造工具、可直立行走的能人。能人的大脑快速增大，并开始了人的进化，能人进化出直立人、早期智人、晚期智人，从而开启了人类的文明。

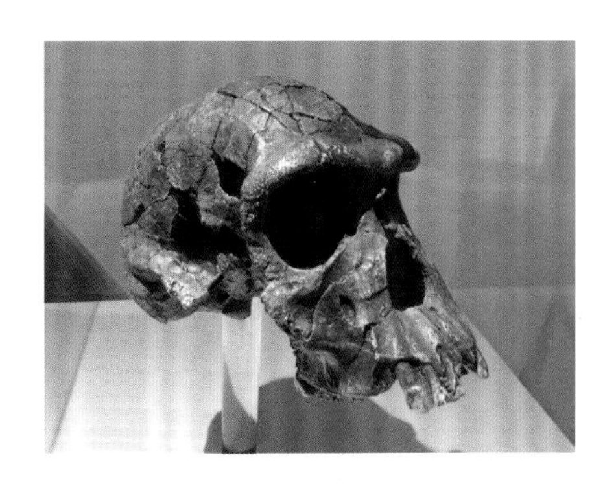
能人头盖骨

### 能人

能人，意思是能干、手巧的人，生活在 250 万—150 万年前的非洲。能人化石于 1960 年发现于非洲坦桑尼亚西北部的奥杜威河谷。

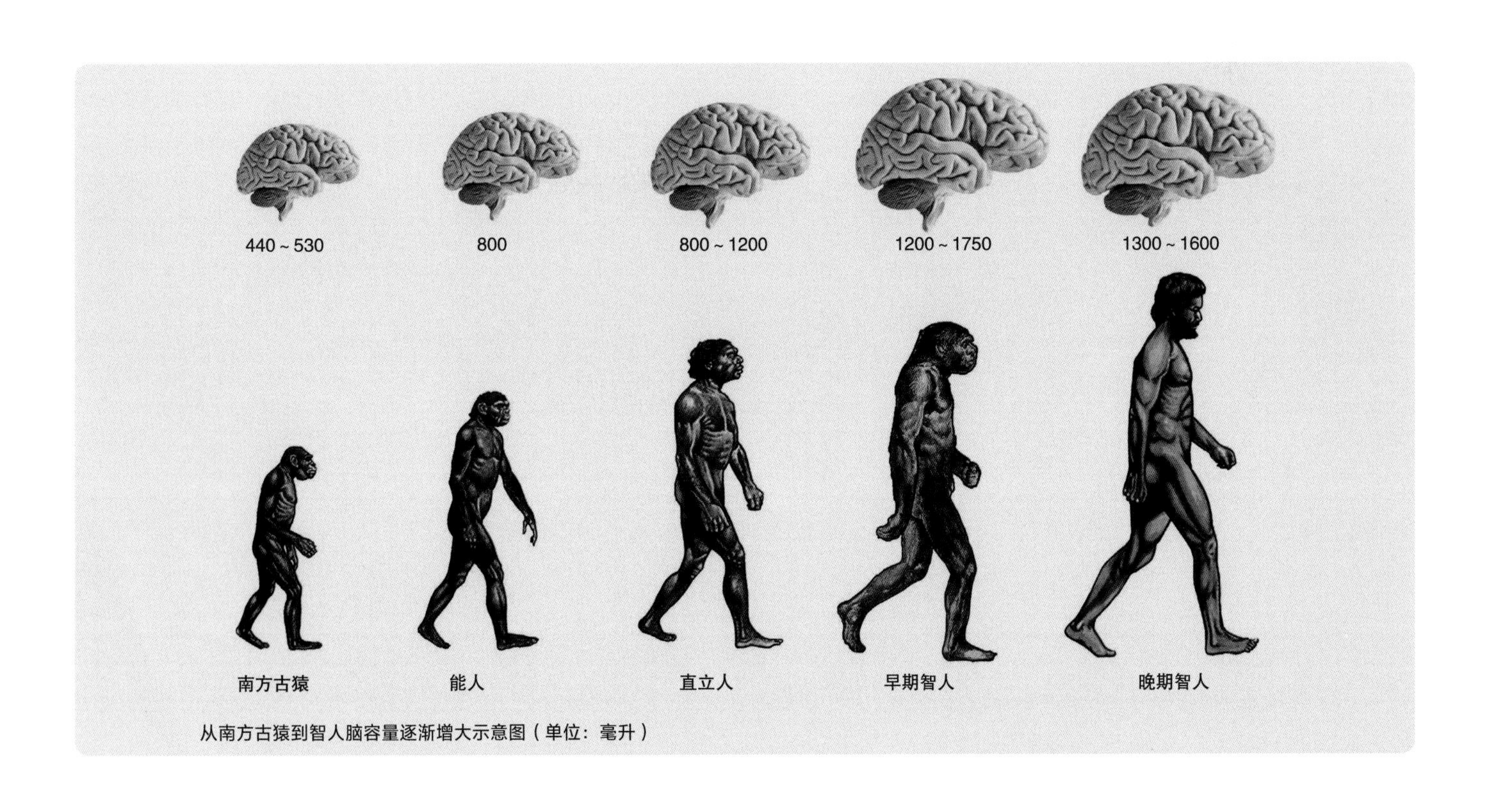

从南方古猿到智人脑容量逐渐增大示意图（单位：毫升）

能人生活场景想象图

能人复原图

能人生活场景想象图

能人的主要特征是头骨比较纤细、光滑，面部结构轻巧，下肢骨与现代人很相似。

其形态特征比南方古猿阿法种进步，但比直立人原始，是目前已知的最早会制造石器工具的人类祖先。

能人身高不足140厘米，体形特征仍像猿类，手指较长，善于爬树，居住树上或树洞里，学会吃大型动物的骨髓。嘴部前伸，牙齿粗大，上下颌骨向前突出，没有下颏，手骨和足骨比现代人粗壮，头骨的骨壁薄，眉嵴不明显。

能人由于具有了足弓，说明能人可以较长距离行走，捕猎活动越来越多，移动越来越快。随着食肉越来越多，他们的脑容量进一步增大，为600 ~ 800毫升，这使得他们越来越聪明，能够制作简单的工具，如粗糙的石器。能人不仅会制作石器，也可能会建造简陋的似窝棚的住所。1972年，在非洲肯尼亚的图尔卡纳湖（旧称鲁道夫湖）地区发现了一个广义能人——鲁道夫人的颅骨。鲁道夫人生活在195万—176万年前。脑容量约为700毫升，其颅骨又大又长，面部呈扁平状，是一种早期人类，与能人，直立人共同生活在这个地区。

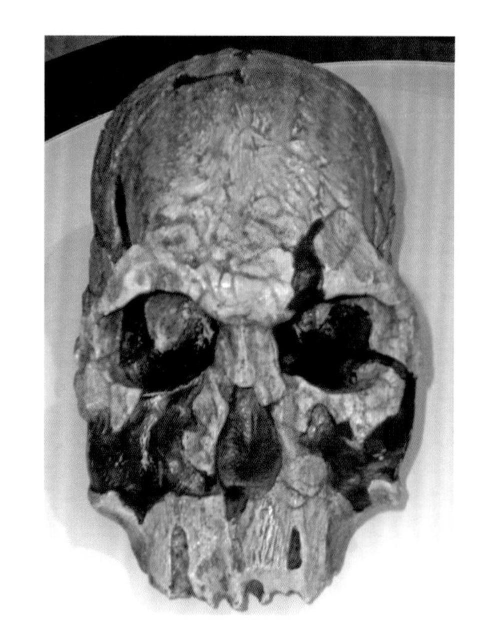

鲁道夫颅骨化石

这是人类进化史上的第四座里程碑：能够制作粗糙的石器，脑容量变得更大，代表是能人。

大约在200万年前，能人在形体和行为上，都有很大的进步，一个新的物种，直立人出现了，最早的直立人是出现在非洲的匠人。

## 早期直立人——匠人

1984年，在非洲肯尼亚北部的图尔卡纳湖，发现了一具几乎完整的男孩骨骼。研究发现，这个小男孩生活在160万年前，死亡时的年龄大约9岁，身高已经超过了1.5米，推测其成年后的身高约1.83米，具有匠人或直立人的典型特征，体形类似于现代的非洲人，身材高挑，腿部修长，臀部和肩部较窄，是人类在炎热干燥条件下的理想体形，没有下巴，脸扁平而凸出，鼻子大而隆起，颌骨和眉骨突出，脑容量约为900毫升，因此，他被归为匠人或早期直立人。

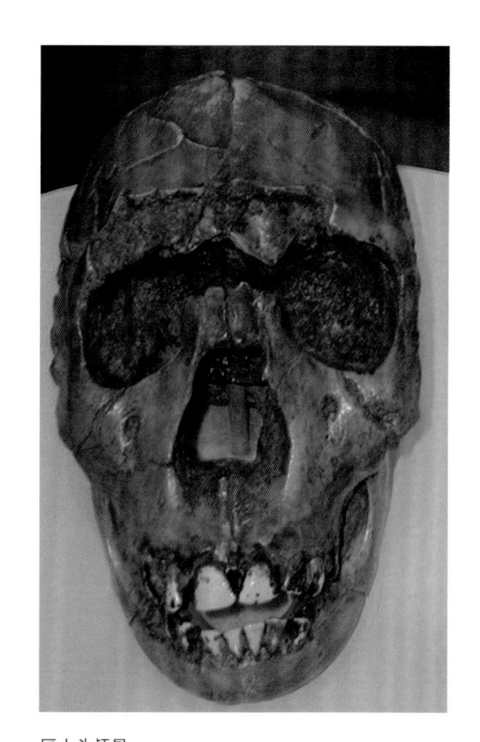

匠人头颅骨

匠人遗骸发现于坦桑尼亚、埃塞俄比亚、肯尼亚及南非。

匠人是由生活在非洲的能人演化出来的，大约生活在190万—140万年前，尔后，迅速扩散到欧洲和亚洲等地，在欧洲发现的海德堡人和亚洲的直立人，可能都是匠人的后代。我国的元谋人、北京人也许是由非洲直立人迁徙来的。

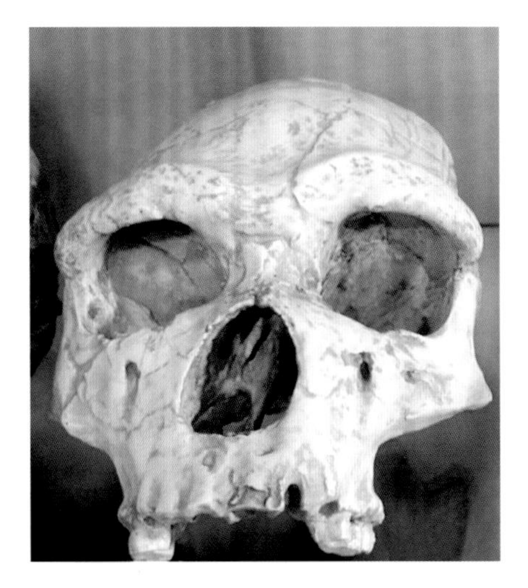

直立人头盖骨化石

直立人生活复原图

直立人生活在约 180 万—20 万年前的非洲、欧洲和亚洲。面部比较扁平，身材明显增大，平均身高达到 160 厘米，体重约 60 千克。直立人是最早会用火的人类，脑容量已经明显增大，早期直立人的脑容量就已经达到 800 毫升左右，晚期直立人则上升为 1200 毫升左右。

匠人的胃较小，胸腔位于腹部之上，呈桶状。在形态特征上，匠人与人类更加接近，胳膊长度与人相似，不再像猿的胳膊那样比腿长。匠人具有发育的足弓，适合长距离地快速奔跑，捕获猎物。随着食物的增多，脑容量增大，匠人越来越聪明，学会了使用火，并用火烤熟根茎类食品或动物的肉，烤熟的肉，更利于消化和吸收，随着营养的有效利用，匠人的脑容量越来越大，并且更加聪明，甚至有了语言的能力。

匠人的雄性身高更加接近雌性，这是与猿类的一大区别。体形更接近我们智人。匠人的脑容量稍大，比能人更善于制造精细的石器，称阿舍利传统技术。匠人生活在干热的非洲，加之捕猎时不断跑动，为了使身体和大脑迅速散热，需要大量出汗，而出汗就需要裸露的皮肤，于是匠人在进化中就褪去了身上的毛发。为了避免强烈紫外线的照射，褪去毛发的匠人，白皮肤也变得黝黑，而没有褪毛的黑猩猩的皮肤却是白色的。同时，匠人的鼻端开始隆起，鼻孔扁大，利于吸入干热的空气，发育的鼻毛则可以避免从肺中呼出湿热气体中水分的流失。

约在 80 万年前，匠人进化出更健壮的海德堡人。

这是人类进化史上的第五座里程碑：上肢明显缩短，因出汗导致身体褪毛，鼻头隆起，学会用火，开始吃烤熟的肉，脑容量为 1000 ~ 1300 毫升，开始有了简单的语言，这是脊椎动物进化史上的第九次巨大飞跃，代表有匠人和海德堡人。

### 元谋人

元谋人，也称元谋直立人，属直立人，其牙齿化石是 1965 年在我国云南省元谋县上那蚌村被发现的，元谋县因此被誉为“元谋人的故乡”。

元谋人推测复原像

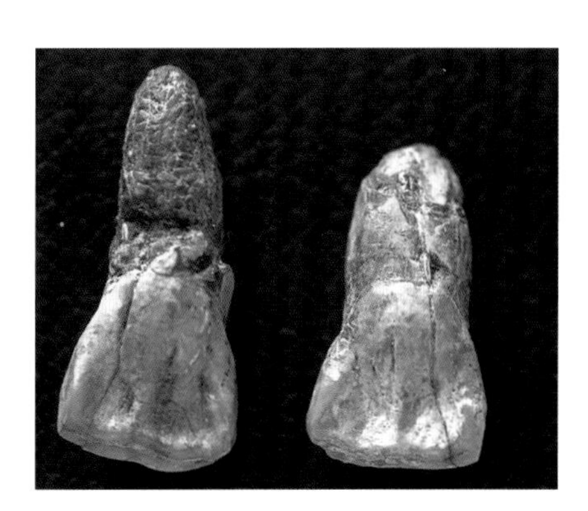

元谋人门齿化石

元谋人门齿的特点：齿冠基部肿厚，末端扩展，略呈三角形；舌面底结节凸起，有发达的铲形齿窝；齿冠舌面中部的凹面粗糙，中央的指状突很长，指状突集中排列在靠近外侧的半面。

元谋人用火烧烤猎物想象图

元谋人狩猎想象图

北京人狩猎、用火想象图

北京人劳动生活想象图

1976年，根据古地磁学方法测定，元谋人生活在约170万年前。但由于牙齿化石出土地点的层位不能确立，学术界对其年代的可靠性仍持怀疑态度。

在约170万年以前，云南元谋一带是一片亚热带的草原和森林，先后有多种哺乳动物在这里繁衍生息，如枝角鹿、爪蹄兽、桑氏鬣狗、云南马、山西轴鹿等。它们大多数都是食草类野兽。元谋人为了生存，使用粗陋的石器捕猎它们。根据出土的两枚牙齿、石器、炭屑，以及其后在同一地点的同一层位中，发掘出的少量石制品、大量的炭屑和哺乳动物化石，可以认定元谋人是能制造工具和使用火的原始人类。

### 北京人

北京人，又称北京猿人，科学命名为“北京直立人”，生活在更新世，约70万—29万年前。1929年12月2日，中国考古学者裴文中在周口店龙骨山山洞里发掘出第一个完整的北京人头盖骨化石。此后，考古工作者在周口店又先后发现了5个比较完整的北京人头盖骨化石和一些其他部位的骨骼化石，还有大量石器和石片等物品，共10万件以上。北京人遗址是世界上出土古人类遗骨和遗迹最丰富的遗址。

在1941年，在那战火连天的岁月中，发掘出来的头盖骨却下落不明，成为历史上的一个谜团。

有些学者认为，北京人会制造骨角器。除狩猎外，日常的食物还包括野果、嫩叶、块根，以及昆虫、鸟、蛙、蛇等小动物。他们几十个人在一起，过着群居的狩猎采集生活，形成了早期的原始社会。在北京人住过的山洞里有很厚的灰烬层，表明他们已经会使用天然火和保存火种。那时他们用火烤着东西吃，晚上睡在火边，这样可以取暖，还可以赶走野兽。北京人寿命很短，大多数人在成年之前就夭亡了。

元谋人和北京猿人都不是我们中国人的祖先，二者都属于直立人，与匠人或海德堡人有较近的亲缘关系，并都在大约20万年前灭绝了。

### 前人

前人，又名先驱人，属直立人，可能是海德堡人的一种，他们大约在100万年前离开了非洲，是欧洲最古老的古人之一。前人身高168 ~ 183厘米，雄性重约100千克，脑容量1000 ~ 1150毫升。

前人化石发现于西班牙北部，距今80万年左右，大多人类学家相信，

北京人全身复原像

北京人的颧骨较高。脑容量平均1000多毫升。身材粗短，男性高约162厘米，女性约152厘米。前额低平，眉骨粗大，颧骨高突，鼻子宽扁，嘴巴突出，没有下颏，头部微微前倾。

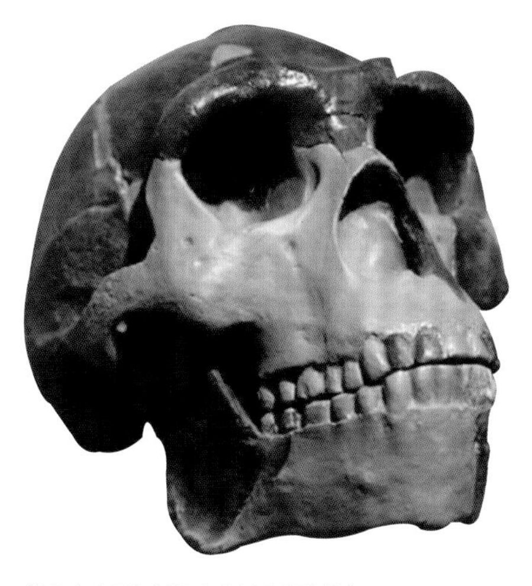

北京人头骨复制品（中国古动物馆）

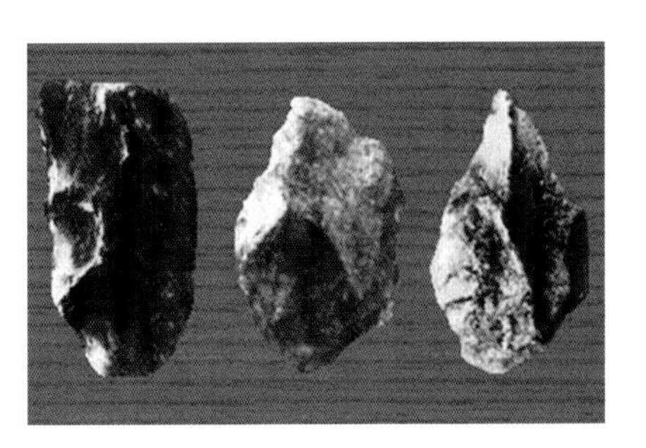

北京人制造的石器

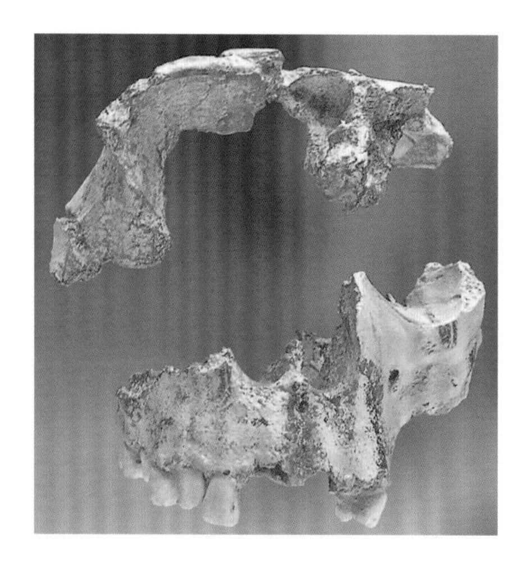
前人的上颌骨

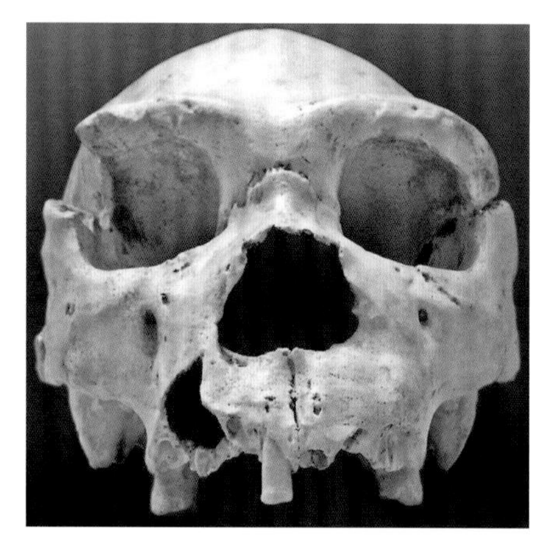
海德堡人头颅骨

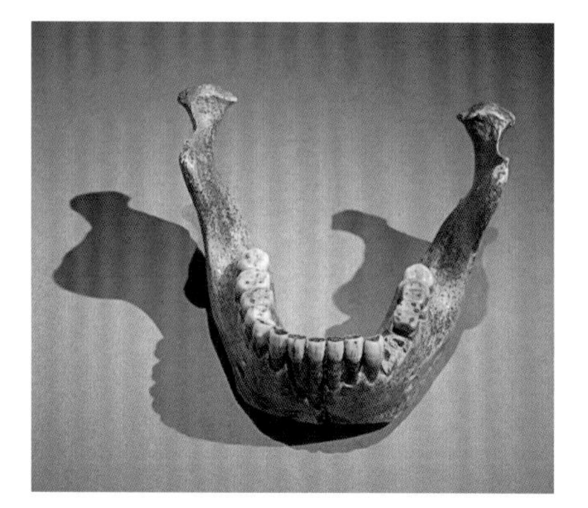
海德堡人下颌骨

前人与欧洲的海德堡人属同一物种。

## 晚期直立人——海德堡人

海德堡人，属直立人，是由匠人进化出来的，生活在100万—10万年前。海德堡人起源于非洲、欧洲或者欧洲与非洲之间，他们在欧洲与非洲之间迁徙，然后开始分化。由于气候变化加剧了地理障碍，大约在50万年前，生活在欧洲的海德堡人进化为尼安德特人；大约30万年前，生活在非洲的海德堡人进化为晚期智人，这一地区位于北非的摩洛哥大西洋沿岸，当时这里是一片森林，草木茂盛，气候湿润，水源广布。

海德堡人眉骨较厚，下颌骨粗壮，下颌体厚，下巴明显后缩，牙齿较小，颅骨较大，平均身高为180厘米，肌肉比现代人发达。海德堡人与先驱人可能是同一物种，二者都与非洲匠人（*Homo ergaster*）拥有相似的形态。海德堡人的脑容量（1100 ~ 1400毫升）接近现代人（现代人脑容量平均值为1350毫升）的脑容量。海德堡人与前人拥有较进步的工具与行为，有了语言。

直立人生活复原图

欧洲海德堡人是欧洲尼安德特人、丹尼索瓦人的共同祖先。也有人认为，非洲海德堡人为直立人与智人之间的过渡形态。

大约在 100 万—80 万年前，由于气候变化等原因，非洲直立人（也许是匠人的后裔）再次大量迁徙。一些直立人走出非洲，首先来到欧洲，之后到达亚洲，此时，直立人已经遍布欧洲、亚洲和非洲。由于自然地理的隔绝，这些地区的直立人开始独立进化。如约 100 万年前的欧洲海德堡人，以及我国数十万年前的蓝田猿人、北京猿人、汤山猿人等直立人。

海德堡人能用简单的语言交流，其群体可以合作互动，不但会用火，还会生火。会用长矛，一起猎杀大型动物，如猛犸象、披毛犀等。

海德堡人头像复原图

## 早期智人——尼安德特人

早期智人为尼安德特人，简称尼人。大约在 60 万年前，由欧洲海德

海德堡人狩猎想象图

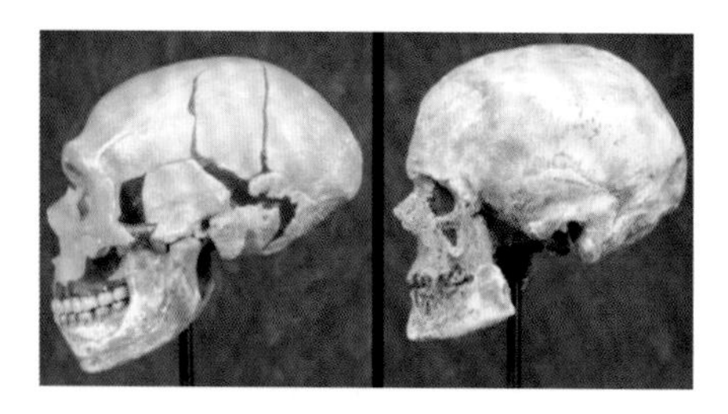

尼安德特人（左）和智人（右）的头骨

尼安德特人复原图

尼安德特人是周围有什么就吃什么，这导致不同群体的饮食结构大不相同

堡人进化而来，常作为人类进化史中间阶段的代表性群居的通称，因化石发现于德国尼安德特山洞而得名。从 20 万年前开始，他们统治着整个欧洲和亚洲西部，但在 3 万年前，这些古人类却消失了。

尼安德特人生活在洞穴中，故又称“穴居人”。他们能够制造和使用复合工具，已经掌握了剥离动物毛皮、缝制防寒衣物的技术；学会了保存天然火种，还学会了人工取火；他们已经形成了一定的丧葬习俗，习惯将死去的同伴掩埋在生活的洞穴内，所以在考古活动中能够发掘出 500 多具尼安德特人的遗骸。

尼安德特人的脑容量很高，最大可达 1750 毫升，比现代人脑容量还高，但智商却不如我们的祖先智人。有证据表明，尼安德特人的消失，正是智人进入欧洲的时候，可以说，尼安德特人的灭绝，与智人密切相关。

尼安德特人的遗迹包括骨骸、营地、工具，甚至艺术品等，从中东到英国，南至地中海北段，北到西伯利亚等地都有发现。尼安德特人适应寒冷环境下生活，其体格特征明显具备耐寒性，如身材短小，体格敦厚，四肢粗笨，肌肉发达，骨骼强壮，后颅骨大而突出，额头扁平，牙齿巨大，颧骨较小，下颌角圆滑，没有下巴颏。

尼安德特人的大腿骨（股骨）与小腿骨（胫骨、腓骨）的比例，以及肱骨与尺骨桡骨的比例都大于智人，说明他们力量比智人大，但不如智人跑得快。

在寒冷环境下，尼安德特人的鼻头虽大，但鼻孔变小，有利于温暖吸入寒冷的空气，保护肺器官；皮肤变得白皙，有利于吸收适量的紫外线，促进维生素 D 的转换，帮助钙质吸收，避免得软骨病。

可以说，尼安德特人是我们直接祖先智人的“堂兄”，他们二者具有一个共同的“祖父”——匠人。尼安德特人与我们的现代人仍有较大区别，即使他们穿上西装打上领带，走在大街上，你仍能认出来他们是尼安德特人，他们身材较矮且粗壮，后脑壳明显向后突出，没有下巴颏。

尼安德特人在手工制品、住处整治，以及对恶劣环境的适应性方面都不如晚期智人。他们只会说简单的语言，沟通能力较差，又缺乏社会和谐性。尽管他们曾在十几万年前打败了晚期智人，但在约 70000（或 50000）年前，在与晚期智人的竞争中最终失败。

在中国，属于这一阶段的古人类化石有马坝人、许昌人、长阳人和丁村人等，他们也是早期智人。

这是人类进化史上的第六座里程碑：脑容量明显增大，超过 1300 毫升，最高到达 1750 毫升，吃肉明显多，可以用丰富的语言交流，有了埋葬死者的习惯，可制造精致的工具，如精致石器、弓箭和长矛等，代表性的有尼安德特人和智人。

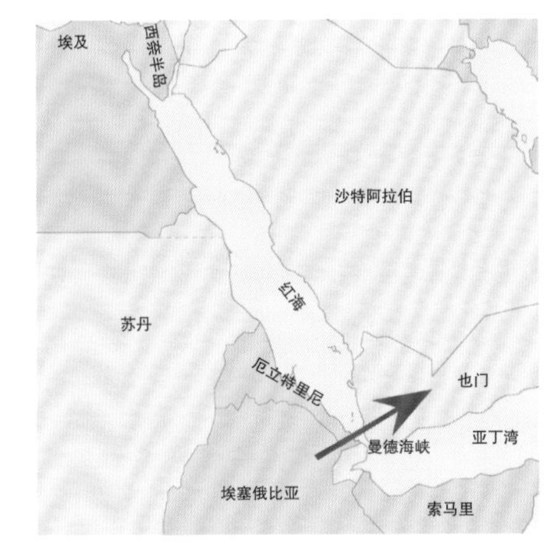

智人进入阿拉伯半岛示意图

## 晚期智人：新文明时代的来临

晚期智人原称“智慧的人”，简称“智人”。智人是由非洲的海德堡人进化而来的，仍保留某些原始性，基本与现代人相似。

德国研究人员在非洲最北部的摩洛哥发现了距今 30 万年前的 5 具智人尸体化石。他们的头颅和面部与我们几乎一模一样，只是比我们更扁，更长。

科学研究证明，在 16 万—5 万年前，一支不足 5000 的智人中，只有 150 多个智人，凭借其更高的智商、高大的身材和强壮的体魄，跑动较快以及较为进步的语言和较强的沟通能力，依靠良好的组织能力和精致的石制武器，在与尼安德特人的多次争斗中，最终战胜了尼安德特人，通

晚期智人（左）与尼安德特人（右）面部复原图对比

尼安德特人生活想像图

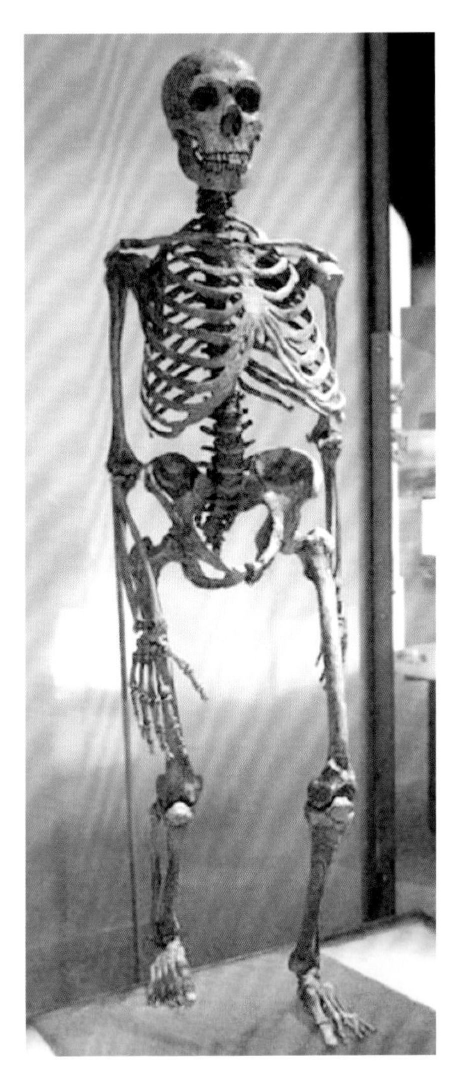

尼安德特人的骨骼（美国自然历史博物馆）

尼安德特人生活场景复原图

尼安德特人，男性身高约为 165 ~ 168 厘米，以强健的骨骼结构支撑。他们比同时代的其他智人更为强壮，尤其是手臂与手掌的部分。女性身高约 152 ~ 156 厘米。尼安德特人基本上肉食，为最高级掠食者。他们脑容量 1200 ~ 1750 毫升（现代人 1400 ~ 1600 毫升）。

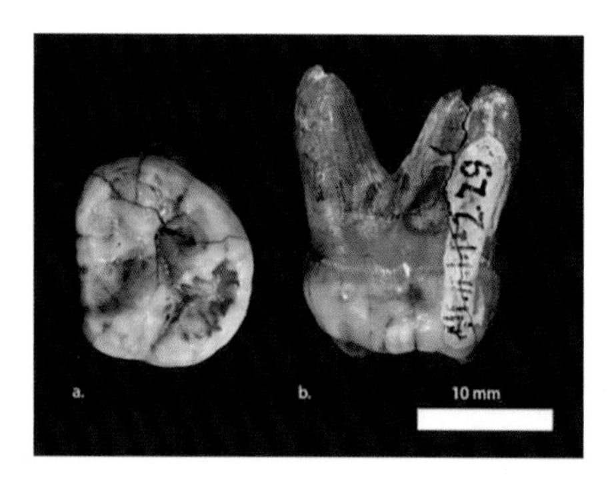

丹尼索瓦人的牙齿，发现于西伯利亚的一个洞穴内

过红海东南角的曼德海峡进入阿拉伯半岛（或北上红海西侧，东转穿过西奈半岛顶端，然后穿过中东进入亚洲），有的先到印度，有的又向西北方向进入欧洲。晚期智人再由印度，到亚洲其他地区或澳洲，消灭或赶走当地的尼安德特人，并在当地繁衍生息至今。可以说，现生的76亿多人，都是从非洲走出来的智人后裔。他们到亚洲，又通过白令海峡进入北美洲，最后扩散到世界各地。

在智人这次走出非洲、向中东迁徙过程中，智人与尼安德特人有过性接触，智人与尼安德特人之间擦出了“爱”的火花，并产生了可生育的后代。

尼安德特人与智人拥有共同的祖先——海德堡人。虽然二者分属不同的物种，但从遗传上来讲，二者基因的差异基本接近两个物种分化的临界点（基因的差异已经完全成为两个物种），也就是说，二者交配仍然可以产生可生育的后代，才有了混血，正是这点，才使得我们现代人有尼安

晚期智人绘画、生活、狩猎场景想象图

德特人的基因。

生活在欧洲的尼安德特人，有一支继续向东进入西伯利亚，演化成丹尼索瓦人（*Denisovans*）。最新基因研究证明，我们的祖先——智人先与尼安德特人发生混血，尔后才与丹尼索瓦人发生混血，并都留下了后代。亚太地区的现代人与丹尼索瓦人关系最为密切，相比之下，欧美人DNA中的丹尼索瓦人基因含量明显偏低，非洲人DNA中几乎不含丹尼索瓦人的基因。2008年，科学家在西伯利亚山区的某个洞穴内发现了一块70000年前的小女孩的小手指骨，DNA分析表明，这个小女孩的母亲是尼安德特人，父亲是丹尼索瓦人。

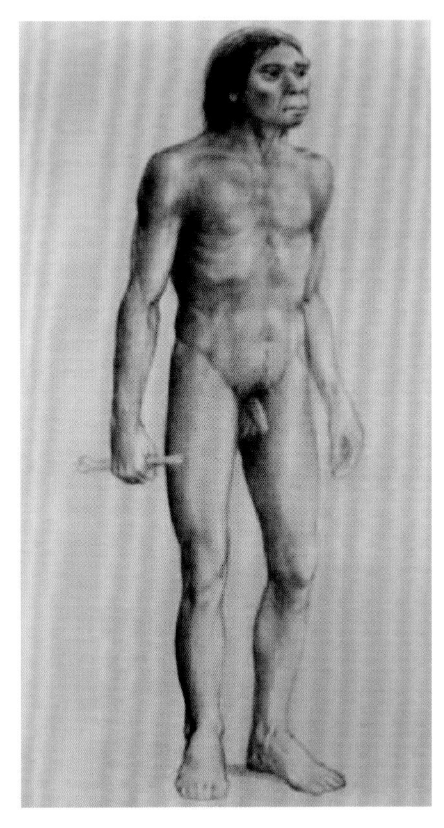

**丹尼索瓦人复原图**

丹尼索瓦人（*Denisovans*），在3万年前与我们的祖先共同生活在这个世界上。

综合分析，智人与尼安德特人、丹尼索瓦人的共同祖先是60万年前的海德堡人。大约50万年前，丹尼索瓦人与尼安德特人就分化开来，并一路向东迁徙，途经西伯利亚到达东亚地区（我国金牛山人、马坝人、大荔人、许家窑人）。

2010年，科学家完成了尼安德特人基因组研究，公布了尼安德特人的基因组草图，经过与现代人的基因组草图进行对比发现，除非洲人之外，亚欧大陆现代人均有1%～4%（平均2%）的尼安德特人基因。

2015年经过反复测试证实，现代人类含有尼安德特人的基因约为1.5%，就是这一点点基因直接导致了现在的我们具有许多难以治愈的疾病——抑郁症、Ⅱ型糖尿病、过敏、血栓、尼古丁成瘾、营养失衡、尿失禁、膀胱疼痛、尿道功能失常等。

科研人员根据中国志愿者样本中出现的尼安德特人基因，才确定尼安德特人确实和智人有过“爱”的结合。而且，东亚人含有的尼安德特基因比欧洲人高12%～20%。遗传学研究也证明，尼安德特人在遗传给我们上述疾病之外，还将一组能增强抗病毒、细菌、寄生虫免疫力的基因遗传给了我们，这组基因在生活环境极为恶劣的情况下能有效对抗病原体，避免了智人灭绝的危险，但是在如今卫生条件好得多的现代社会，这种基因会招致过敏、炎症等。由此可见，尼安德特人遗传给我们的基因，一是遗传给我们一些常见的难于治愈的病，这是有害的一面；二是大大增强了我们的免疫能力，避免了智人的灭亡，这是有益的一面。

大约在3万年前，智人将尼安德特人赶到环境恶劣的地区，最终导致尼安德特人因气候或饥寒而灭绝。

智人身体修长，比例匀称，跑得快，智商高，擅长绘画艺术，具有了

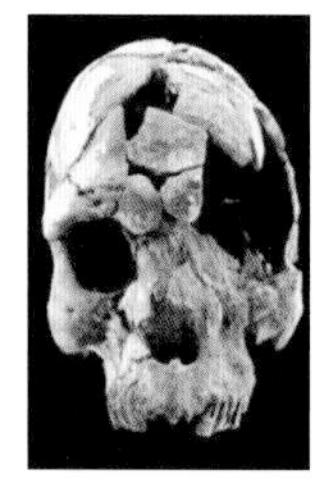
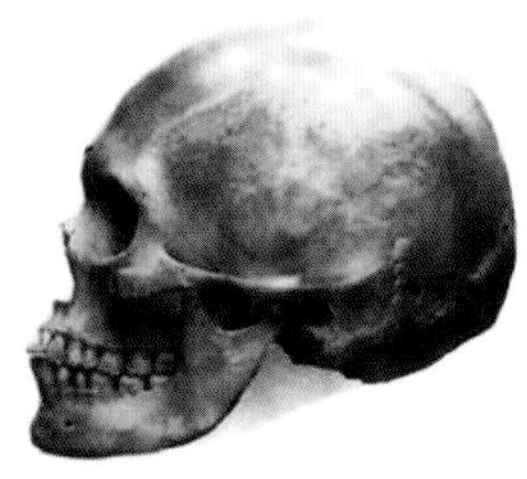

智人头骨化石

克罗马农人头骨化石及复原图

语言，能够很好地沟通，制作的工具也比较先进，经过与尼安德特人多年的争斗，最终将其打败，从此智人渡过红海到达阿拉伯地区，其中一支智人进入印度；有一支又沿海岸到达中国，还有一支乘木筏抵达澳洲，进入日本；另一支智人到达欧洲，并迅速占领了欧洲，在冰期，通过白令陆桥，进入北美。

智人在约 14000 年前，一路向前，通过巴拿马地峡，到达了南美洲。至此，欧洲、亚洲、非洲，以及南北美洲都有了智人的身影。

### 克罗马农人

克罗马农人属于晚期智人，身高 182 厘米，脑容量很大，男性约为 1600 毫升，女性为 1402 毫升。克罗马农人骨骼粗壮、肌肉发达、相貌粗野，但是已经很接近现代人类了。克罗马农人已能完全站立，动作迅速灵活，四肢发达，擅长雕塑和绘画。

克罗马农人是人类进化史上最后一个阶段代表性群居的通称，因化石发现于法国克罗马农山洞而得名，但它与现代欧洲人不是一个种群。他们生活在 3 万—2 万年前的欧洲大陆上，平均寿命不超过 40 岁。克罗马农人头骨非常大，而且粗壮。头顶隆起，头骨较现代人厚，额部宽而高，眉弓很粗壮，但不连续。大腿骨粗壮，股骨脊发达，胫骨扁平。善

克罗马农人生活复原图

于奔跑，语言发达，群体性强。克罗马农人是欧洲冰河时期洞穴岩画的创造者，还创作了大量优美的雕刻和雕塑。学术界将它们统称为“冰河艺术”。由于克罗马农人主要以狩猎为生，所以又称之为“狩猎者艺术”。

大约15万年前，克罗马农人的祖先开始在撒哈拉以南的非洲崛起，然后走出非洲，陆续向亚欧大陆扩散。他们很可能首先到达在冰期中干涸成为盆地或沼泽的地中海地区或中东，与当地的尼安德特人竞争并共存了约6万年。大约在5万年前，克罗马农人终于适应了冰期严寒气候，逐渐占据优势，开始陆续进入东欧，自东而西一路打败了尼安德特人。其中的一支克罗马农人大约在3.5万年前到达欧洲西端的大西洋边，并导致尼安德特人的最终灭绝。

在中国，属于这一阶段的人类化石有北京周口店的田园洞人、山顶洞人、广西的柳江人、内蒙古的河套人、四川的资阳人等。

### 山顶洞人

山顶洞人属晚期智人，化石发现于北京市周口店龙骨山北京人遗址顶部的山顶洞，因此而得名之。1930年发现，1933—1934年中国地质调查所新生代研究室裴文中主持进行发掘。与人类化石一起，出土了石器、骨角器和穿孔饰物，并发现了中国迄今所知最早的埋葬遗址，年代距今约3

山顶洞人文化遗址

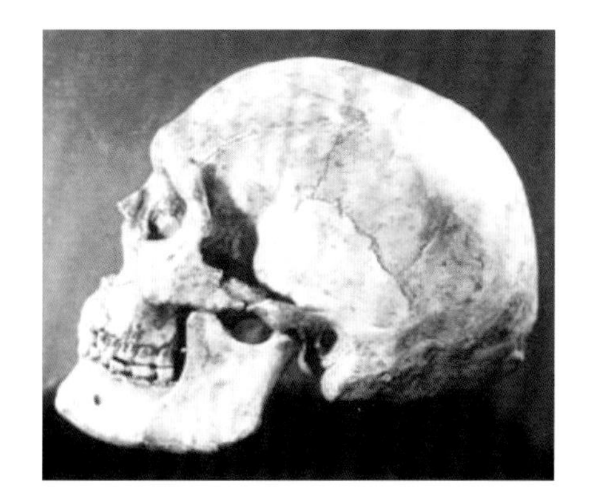

山顶洞人头骨

山顶洞人埋葬场面

山顶洞人捕鱼图

出土的山顶洞人石器、骨角器和穿孔饰物

田园洞

田园洞在半山腰，洞的主体是薄层石灰岩。洞口距洞内约 10 米，洞内空间较大，洞顶有大片钟乳石。据估计，田园洞的面积约 30 平方米。

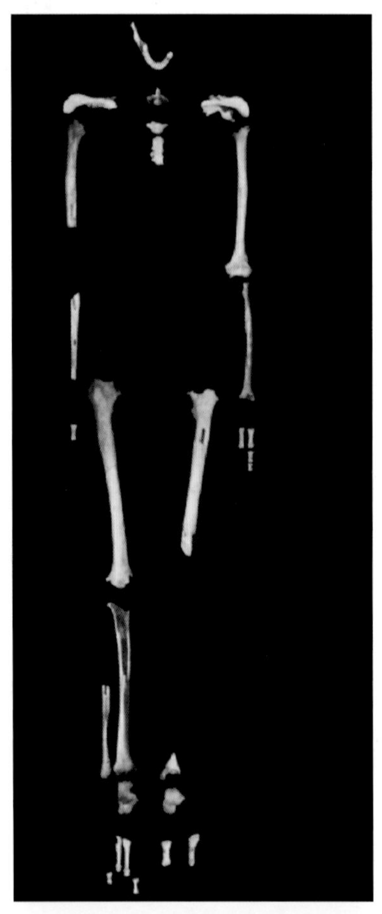

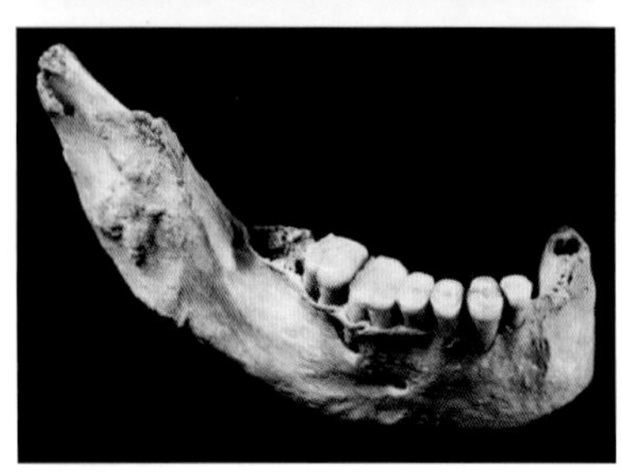

北京田园洞人骨骼及下颌骨化石

万年。山顶洞人代表了原始蒙古人种，其兼具北方、北极和美洲印第安人的特点，也兼具北欧人的特点。根据基因研究分析，山顶洞人与我们有很大的不同，不是我们的直接祖先。

山顶洞人处于母系氏族公社时期，女性在社会生活中起主导的作用，按母系血统确立亲属关系。一个氏族有几十个人，由共同的祖先繁衍下来。他们使用共有的工具，一起劳动，共同分享食物。山顶洞人仍用打制石器，并掌握了磨光和钻孔技术。他们已会人工取火，靠采集、狩猎为生，还会捕鱼。他们能走到很远的地方同别的原始人群交换生活用品。山顶洞人已会用骨针缝制衣服，懂得爱美，有埋葬死者的习俗。在山顶洞人的洞穴里发现了一些有孔的兽牙、海贝壳和磨光的石珠，大概是他们生前佩戴的装饰品。

### 北京田园洞人

2003 年 6 月，在距周口店北京猿人遗址约 6 千米附近的田园洞出土了一批山顶洞人时期的晚期智人化石。经发掘和研究，发现了包括下颌骨和部分肢骨在内的古人类遗骸和丰富的哺乳动物骨骼。田园洞人化石比发现地点相近的山顶洞人早 1 万多年，是迄今为止亚欧大陆东部最早的现代人类遗骸。

2013 年 1 月，由中国科学家带领的国际团队成功提取到田园洞人的核 DNA 和线粒体 DNA。分析表明，田园洞人的 DNA 中含有少量古老型人类——尼安德特人和丹尼索瓦人的基因，基因分析显示，田园洞人与现代人有更近的亲缘关系，且与当今亚洲人和美洲土著人（蒙古人种）有着密切的血缘关系，而与现代欧洲人（欧罗巴人种）的祖先在遗传上已经分开，分属不同的人群。

由付巧妹领衔的研究成果发表于《美国科学院院报》（*PNAS*），该文对北京田园洞人的骨骼所做的 DNA 提取和测序分析，结果表明，北京田园洞人生活在 4 万年前，属于古东亚人种。但研究也发现，一些田园洞人基因组中的古老基因，在现代东亚人基因组中并没有找到，这说明田园洞人不是现代东亚人的直接祖先。东亚人的祖先另有其人。

## 走出非洲与文明兴起

非洲起源说认为，从约180万至5万年前，人类先后三次走出非洲，现在地球上的所有人，都是第三次走出非洲的智人的后代。

第一次走出非洲：180万年前，东非出现了人类祖先——直立人（匠人），他们走出了非洲，180万—160万年前，涉足到印尼的爪哇岛，170万年前到达格鲁吉亚，160万—120万年前，迁徙到东亚，大约100万年前进入欧洲，几乎在亚欧大陆的很多地方都有他们的足迹，大约在20万年前，他们却销声匿迹了。

第二次走出非洲：100万年前，留在东非的匠人进化出海德堡人，其中一部分走出非洲，迁徙到了亚欧大陆，50万年前，在欧洲的海德堡人进化成早期智人，即尼安德特人和丹尼索瓦人，他们于3万年前灭绝。

第三次走出非洲：30万年前，仍在非洲的海德堡人进化成晚期智人，并于16万—5万年前战胜了尼安德特人，从红海的曼德海峡走出非洲，并依赖更加良好的智力，和更加完善的社会结构（如语言、技术、文化和思维方式等），一方面在与直立人、尼安德特人等更早期人类的生存竞争中取得优势地位，另一方面逐渐跨越地理自然环境的限制，扩散到了全球各地。

智人登上人类历史舞台后，在不同的地理环境下演化出的不同肤色的人种，包括白种人、黑种人、黄种人和棕种人，他们都是一个人种，都是智人的后代。

不同肤色的人类在世界各地繁衍生息，凭借自己的聪明才智，创造出灿烂的四大世界文明，包括美索不达米亚文明、埃及文明、印度文明和华夏文明。

宇宙创造出万物，使人类产生智慧；人类创造出文明，使宇宙变得伟大。

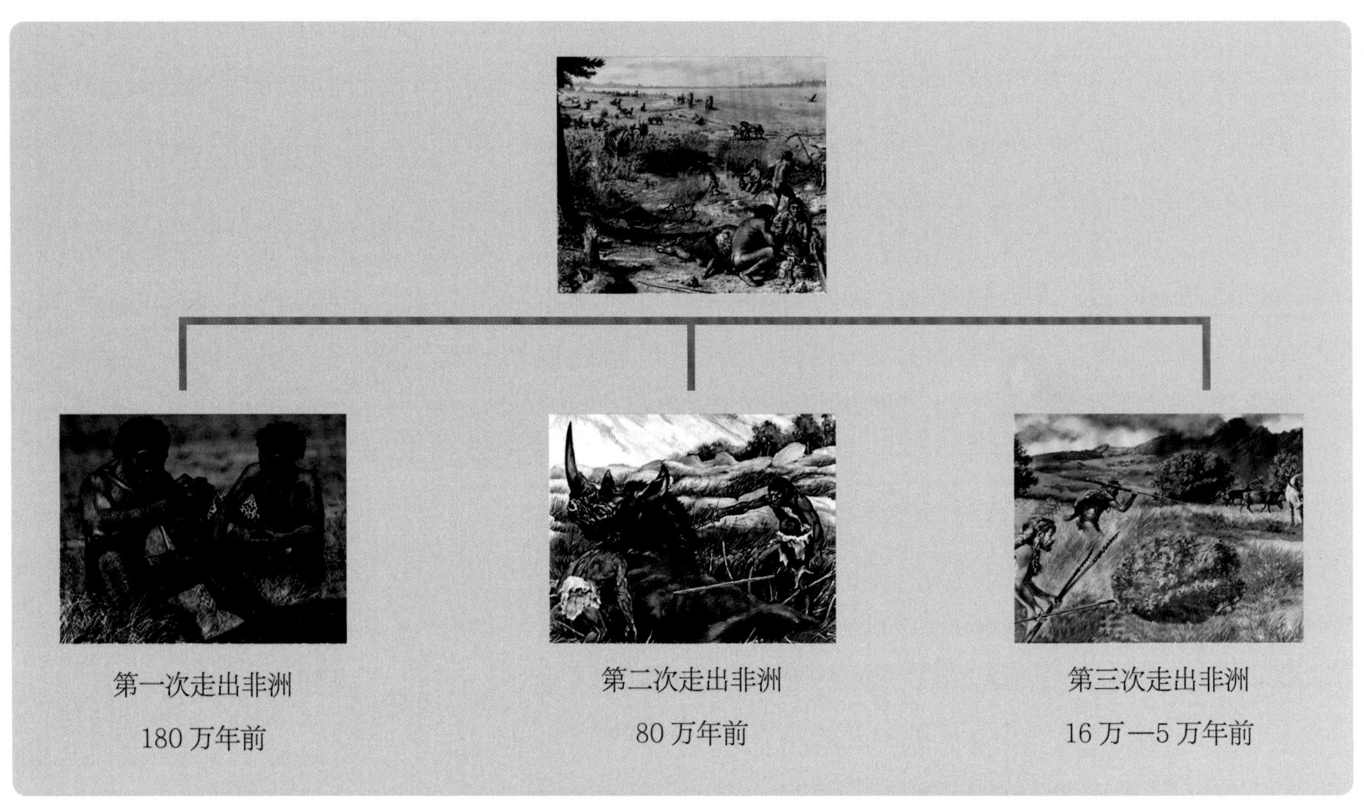


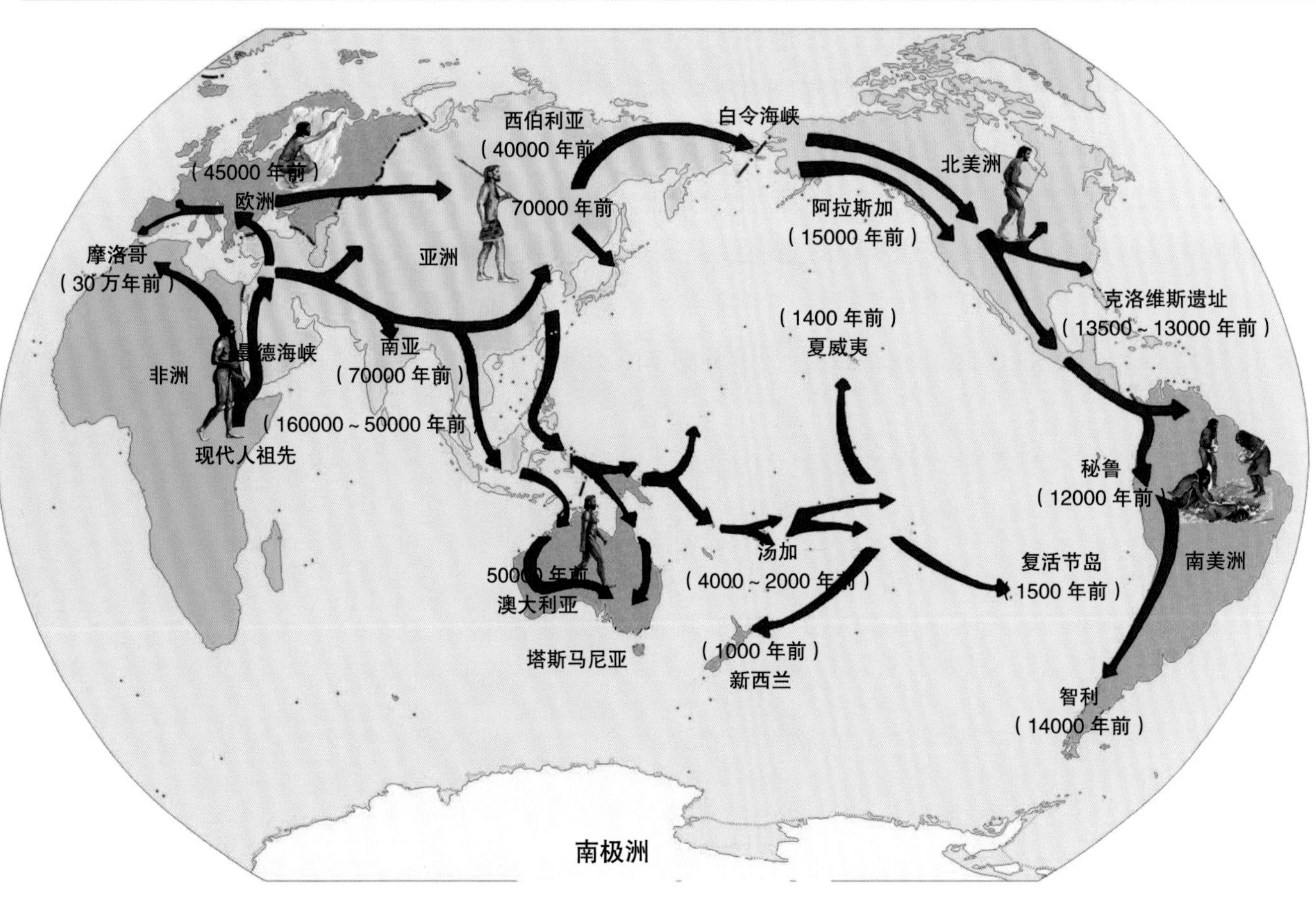


第三次走出非洲的智人迁徙路线图（图中数字表示到达的时间）

# 14.5 关于人类进化的几个问题

## 人类为什么褪去体毛

褪去体毛而有不断生长的头发是人类进化的又一次飞跃。

我们的祖先地猿始祖种、阿法南方古猿，都像黑猩猩一样，浑身上下长有浓密的毛发，阿法南方古猿大约在 250 万年前进化成能人，在约 200 万年前，能人进化成为直立人。最早的直立人是匠人，他们生活在干热的非洲，捕猎越来越多，因而不断地跑动，为了保持体温恒定，冷却身体和大脑，就需要出汗，而出汗就需要裸露的皮肤。为了适应环境，有些匠人发生了基因突变，褪去了身体上的毛发，为了避免强烈紫外线的照射，褪去毛发的匠人，皮肤由白逐渐变得黝黑，其鼻端开始隆起，鼻孔变大，利于吸入干热的空气，发育的鼻毛避免从肺中呼出湿热气体使水分流失。这是人类进化史上的一次巨大的飞跃，也是一次重要的基因突变。

美国加利福尼亚大学圣迭戈分校医学院的阿吉特·瓦尔基等科学家最新研究为匠人褪去毛发提供了佐证，在 300 万至 200 万年前，一种名为 CMAH 的单个基因发生突变（缺失），大大提高了人类骨骼肌利用氧气的能力，使人类拥有更多的汗腺，能够更有效地散热，更有利于增强能人、直立人等早期原始人类长跑能力及先天免疫力，便于早期人类在炎炎烈日的非洲干旱草原上，追捕猎物，促使早期人类成为地面狩猎采集者。

褪去身上毛发的匠人，非常受到群体内其他匠人的喜欢，尤其是褪去毛发的男性匠人，更是受到女性匠人的青睐，因此，他们获得更多的交配权，褪去毛发的匠人就会有越来越多的后代，而没有褪去毛发的匠人繁衍的后代越来越少，甚至灭绝。在遗传学上，这叫遗传漂变，在进化学上，叫性选择。遗传漂变或性选择不仅可以使优质的物种更容易脱颖而出，而且使优质的物种更容易繁衍生息。

褪去毛发的匠人大约在 80 万年前进化出海德堡人，有些海德堡人迁徙到欧洲，在 40 万年前进化成尼安德特人，而仍然滞留在在非洲的海德堡人在约 30 万年前进化出智人，智人是我们的直接祖先。

自上而下：从能人到匠人，早期人类开始褪去如猿类般披满全身的毛发；从匠人到晚期智人，人类的头发、胡须等进化出不断生长的特性

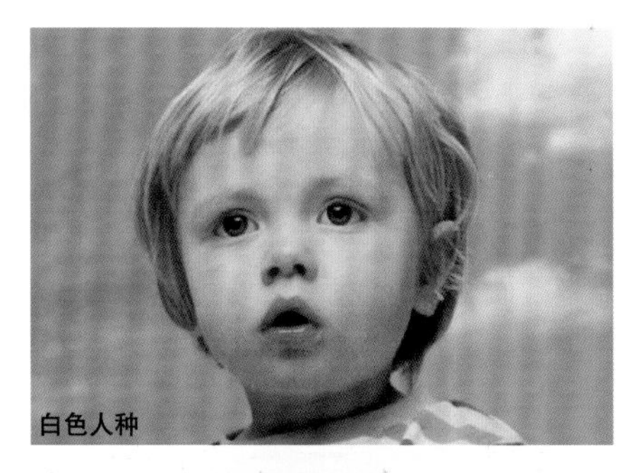

人类的主要四种亚种

我们的祖宗匠人，褪去了身上的毛发而保留下来头发，正是在自然选择下人类进化的结果。由于非洲阳光炙热，直接照射头部，为了避免头部被阳光直接的照射，使人类大脑温度不会因阳光照射而迅速升高，头发保留下来，而且比我们的老祖宗南方古猿又有了进化，头发不断地生长，需要定期理发，我们的老祖宗身上的毛发和头发长到一定长度就不再长了，所以说老祖宗一生都不需要剪头发。

其实，人类除了有浓密的头发外，周身上下也有体毛，如汗毛、腋毛、睫毛、眉毛、阴毛等，都是长到一定长度就不再生长，只有人类的头发和胡须一生都在不停地生长，现代人类毛发的这些不同于老祖宗的特征，都是进化过程中自然选择下适应性变异的结果。也可以说，为了更好地适应环境与气候变化，也为了更好地生存与繁衍，人类的基因发生了突变，所以人类成了当今最繁盛的生物物种之一，几乎占领了世界的各个角落，统治了世界。

## 人类为什么有不同的肤色

我们现代人都是智人的后代。现代人都属于一个物种，即智人，无种族之分。根据其皮肤的颜色，又分为 4 个亚种，即黑种人，又称尼格罗人种或赤道人种；白种人，又称高加索人种或欧亚人种；黄种人，又称蒙古人种或亚美人种；棕种人，又称澳大利亚人种或大洋洲人种。

经科学证实，白种人、黄种人出现的时间大约在 4 万—3 万年前。

这四个人亚种，都是约 16 万至 5 万年前的晚期智人走出非洲后迁徙到世界各地后，由于各地地理环境和气候的差异，分别形成的不同的人亚种。可以说，这四个人亚种具有同一个祖先，这个祖先就是从非洲迁徙来的智人。

智人是由 30 万年前生活在非洲的晚期直立人——海德堡人进化而来的，而海德堡人又是由 80 万年前早期直立人——匠人进化而来的。

据古人类学家研究证实，匠人是由东非的能人进化而来的，能人是指会制作简单工具的人，能人是由阿法南方古猿进化而来的。阿法南方古猿与黑猩猩一样，浑身上下长有浓密的黑色毛发，但毛发下的皮肤是白色的。

最初褪去毛发的匠人的皮肤是白色的。在非洲炽热阳光强紫外线的

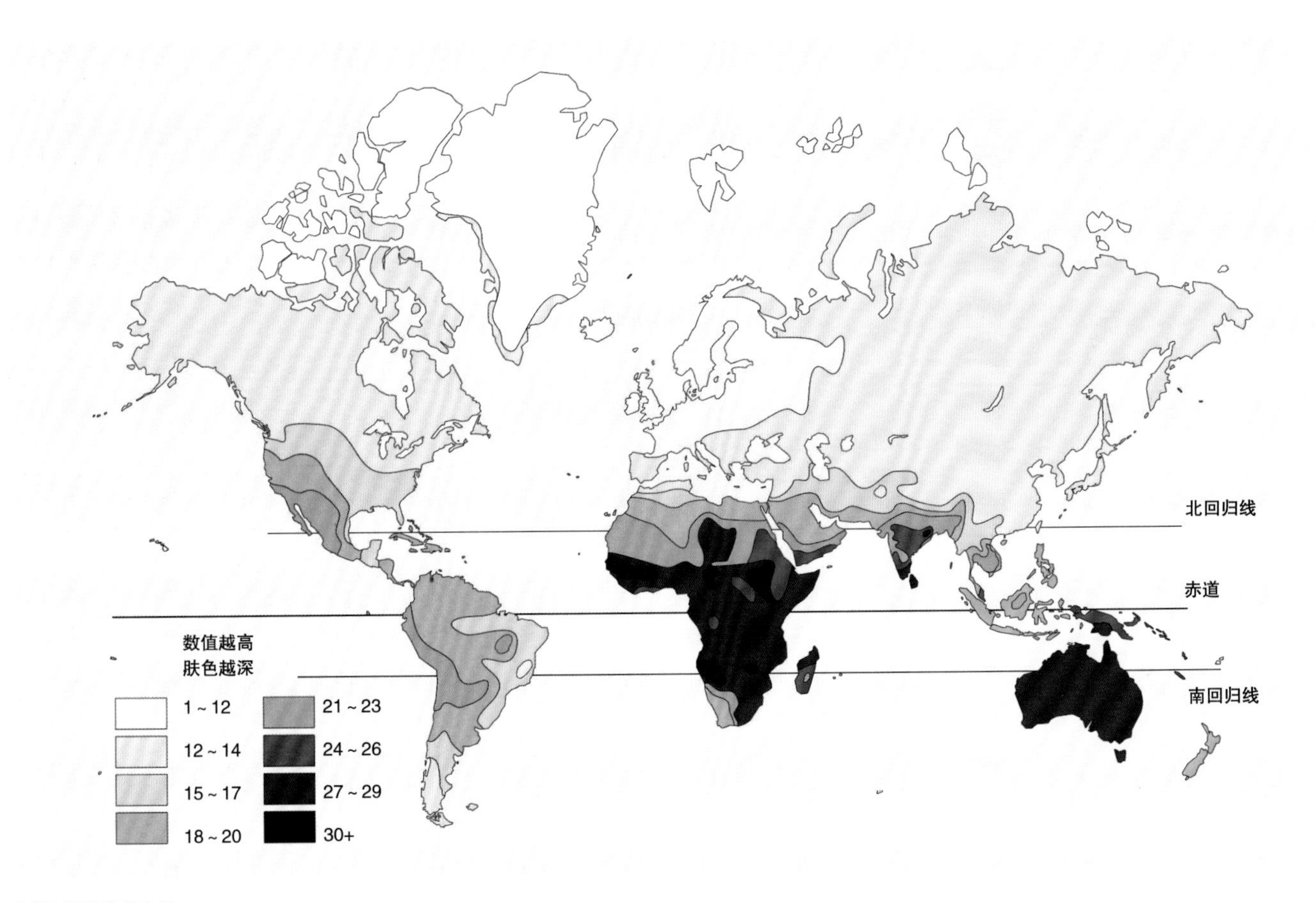


人类不同肤色分布图

照射下，为了避免皮肤受到伤害，皮肤的细胞产生了黑色素，黑色素可以防止紫外线对细胞核内的染色体造成伤害，这样慢慢地，褪去毛发的匠人的皮肤就变成了黝黑色。

强烈的紫外线照射，一是会影响维生素 $B_9$（叶酸）的产生，叶酸减少，红细胞产生放缓，导致贫血，更为严重的是，当孕妇缺乏叶酸时，胎儿大脑和脊髓发育可能不正常，容易产下脊柱裂、无脑等畸形胎儿；二是容易导致孕妇早期流产或晚期早产、胎儿体重偏低，影响胎儿生长和智力发育。

由此可见，黝黑的皮肤保证了人类祖先种群的繁衍生存与基因传递，让我们免遭灭绝的命运，否则，恐怕就不会有现在地球上 76 亿多人了，包括你我他。

匠人的鼻端开始隆起，不再像阿法南方古猿的鼻子那样，鼻端塌陷，

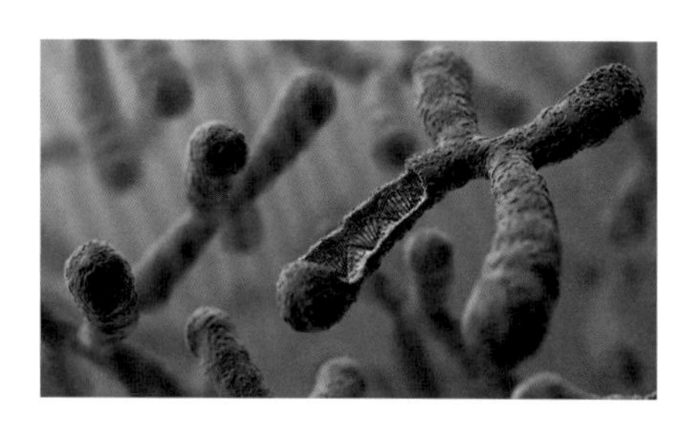

基因的变异与自然的选择，使得物种的进化是非此即彼的

鼻孔朝天。由匠人进化成的海德堡人也是黝黑皮肤的，这种黑皮肤的海德堡人进化出的智人也是黝黑皮肤，大鼻子，也就是说，我们现在人类的祖先——智人，就是具有大鼻子的“黝黑皮肤的人”。

黝黑色皮肤的智人走出非洲，陆续到达了阿拉伯、印度，以及东亚、欧洲、大洋洲和南北美洲等地区，智人消灭或赶走了当地的早期智人、尼安德特人或丹尼索瓦人，最终占领了世界各个角落，统治了世界的五大洲，现在我们 76 亿多人，都是智人的后代。

迁徙到欧洲的黝黑色智人，由于当时欧洲，特别是北欧，气候寒冷，阳光不足，吸收的紫外线也少，身体内转化维生素 D 不足，人们就容易得软骨病。为了适应这种阳光不足的环境，长时间生活在欧洲的智人，发生基因突变，进化出白色的皮肤，从而有利于吸收阳光中的紫外线，提高体内维生素 D 的转化率，避免了软骨病的发生，在自然选择的作用下，这种有利于生存与繁衍的致使皮肤变白的基因就一代代遗传下去。

而生活在亚洲和澳洲的黝黑色智人，因为气候环境以及阳光照射介于非洲与欧洲之间，所以生活在亚洲的智人进化出黄种人，生活在澳洲的智人进化成棕种人。

由此看来，气候的差异、环境的不同、阳光紫外线的强弱，是导致人种肤色变化的主要因素。

除皮肤颜色不同外，这四个人亚种，在体态上、鼻子的形状上，也不一样。白种人身材高大魁梧，鼻子高挺，金黄色头发，鼻管狭长，鼻孔较小，可以温暖吸入肺部的空气；黑种人，身体相对矮些，身材修长，卷曲的黑色头发，鼻端肥大，鼻孔大，鼻毛浓密，以适应干热的天气，阻止体内水分的呼出。

而亚洲的黄种人和大洋洲的棕种人在身材、肤色和鼻形上，介于黑种人与白种人之间。

## 为什么现在黑猩猩不能进化成人

经常有人提出“为什么现在的猩猩不能进化成人”这样的问题，就好像是说，如现在猩猩不能变成人，达尔文进化论就是错的。殊不知生物的进化是一个十分复杂且缓慢的过程，充满着许多未知的变数，是随机的，具有不定向性，纯属偶然或意外。打个比方，女性的一个卵子，要面对 300 000 000 多个精子，究竟卵子会选择哪个精子结合形成受精卵，在自然条件下，是无法控制和选择的，也就是随机的、偶然的。每一个精子所携带的基因是不一样的，因此不同的精子与同一个卵子结合，会产生不一样的后代。即便是同卵双胞胎，他们是同一个受精卵分裂复制的结果，他们的细胞携带相同的基因，但他们在诸如体形、面容、智商、情商、行为举止、思维意识等方面也不尽相同。

基因变异是随机又不会重复的，尽管黑猩猩与人类基因组相似度高达 99%，但这微小的 1% 却造就了两个物种间再也无法逾越的鸿沟

最新的研究也证明了这种推断。最新研究表明，虽然同卵双胞胎可能共享他们全部的 DNA，但他们在发育早期会出现数百种基因变化，这些基因变化让同卵双胞胎向不同的方向发展。

最新研究着重于人类的体细胞突变，这些突变被称作复制误差，能够发生于胎儿发育的早期，但是由于它们并不存在于胎儿的生殖细胞中，所以不能传递给后代。其他的研究已经表明那种化学改变，或者说表观遗传效应（后天环境的影响）能够随着时间改变基因表达方式，这致使双胞胎并不完全相同。还有其他的研究也表明同卵双胞胎拥有不同的基因突变。

这就是变异的力量，既有所谓“种瓜得瓜，种豆得豆”，同时也“龙生九子，各子不同”。世间万物，千姿百态，数不胜数，都是基因适应性变异的结果。

生命本身就是一个奇迹，而人类的诞生就是奇迹皇冠上的宝石。

生命进化是生物基因突变引起的，自然选择的结果。基因突变是随机的，是不可重复的，因为任何新物种的诞生，既受到当时的环境、当时的地理、当时的气候等条件的制约，又受到新物种“父母”自身条件以及受精卵的控制，可以说，每一个新物种的诞生都有偶然性，都是随机的，谁都无法控制，而生命都是在自然选择的驱使下进化的，但并不总是由简单到复杂，由低级向高级方向发展的，而是适者生存，优者繁衍。

人类作为世界上唯一有高等智慧的生命，是最初生命——原核细胞经过近 40 亿年的不断进化的结果。

生命进化是不会重复的，也就是说，在生命近 40 亿年的进化过程中，如果把进化现象比作一出戏，在自然界舞台上，绝不会上演同一出戏。后进化出的物种绝不会重复曾经出现过的物种，犹如永远不会有两个一模一样的人或完全相同的树叶一样，后来的生物不会重复以前生物的进化历程，现在的黑猩猩（与人类亲缘关系最接近的猿类）即使基因发生突变，产生其他新的物种，也绝对不会是我们现代人。

## 地球上为什么找不到中间物种

生物进化论被恩格斯誉为19世纪三大发现之一。自1953年沃森和克里克建立了世界上首个DNA双螺旋模型，60多年以来，遗传学、细胞学，以及分子生物学等现代生物学研究，获得了前所未有的发展。过去从宏观方面无法解释的问题，现在在微观层面，甚至从分子层面得到了解释，现代生物学已经从分子层面对生物进化论做出了定量化的解释，从而证明了生物进化论不仅是科学的，而且是一门伟大的科学，完全可以与爱因斯坦的广义相对论相提并论。

生物的进化受到自然环境、气候变化、地理隔离等因素的影响，是在自然选择的驱使下，生物遗传与基因突变共同作用的结果，如果没有生物遗传，物种就不会代代相传，传宗接代；如果没有基因突变，繁衍的物种就难以适应环境、气候和地理带来的突变，就难逃灭绝的命运。

基因突变是随机的，不受任何控制和影响，但自然选择的结果却是唯一的和确定的，只有适应环境的、有利于生存和繁衍的基因突变物种才能生存下来，而不利于生存和繁衍的基因突变物种就会灭绝。而且自然选择并不一定使生物进化由简单到复杂，由低级到高级方向发展。

根据基因突变理论，生物在进化过程中，只会出现过渡物种（保留以前物种的某些特征），而不会出现中间物种（两种物种的结合体），即使产生中间物种，中间物种相当于杂种，杂种是不会繁育后代的。一般来说，自然环境下，是不会有杂种产生的，比如骡子是马与驴的中间物种，即杂种。

比如，1.45亿年前出现的始祖鸟，是世界上发现的第一只鸟，它仍保留有恐龙的一些特征，嘴里长有牙齿，翅膀末端有趾爪，尾巴仍保留尾椎骨等，但是，始祖鸟确确实实已经是只最原始的鸟儿。

现在仍生活在澳大利亚的鸭嘴兽，是最原始的哺乳动物，已经在地球上生活了2500多万年。鸭嘴兽具有哺乳动物最基本的特征，如长有毛发、体温恒定且较低、四肢很短，有灵敏的捕捉技巧，腹部可分泌乳汁，没有乳头，幼崽只能趴在妈妈的肚子上舔舐乳汁，但它仍保留爬行动物的特点，只有一个泄殖腔，产羊膜卵繁殖，即卵生而非胎生。

因为自然环境下，物种的进化是非此即彼，即不是这个就是那个，不会突变产生新的物种，就仍然通过遗传变异保持产生原有的物种，也就是

骡子是马与驴的中间物种，不具备繁育能力

说，要么突变产生“人”这样的物种，要么仍然是猿类，基本上不会产生中间物种，即所谓的“半人半猿”；退一万步讲，即使产生“半人半猿”物种，它也无法生存延续下来。因为生物的进化虽然是一个十分缓慢的过程，但突变却是在一代之内完成的，是基因突变与自然选择共同作用的结果，自然选择可以使有利的基因遗传下去，并慢慢积累起来；而生物的基因会发生适应性突变以应对环境的骤变，这种基因突变，超越了物种基因突变的临界点，往往是跨物种间的突变，不会产生中间物种，而是形成新的物种，这一切都必须在自然选择驱使下发生，即适者生存。

# 第十五章

# 动物器官的演化

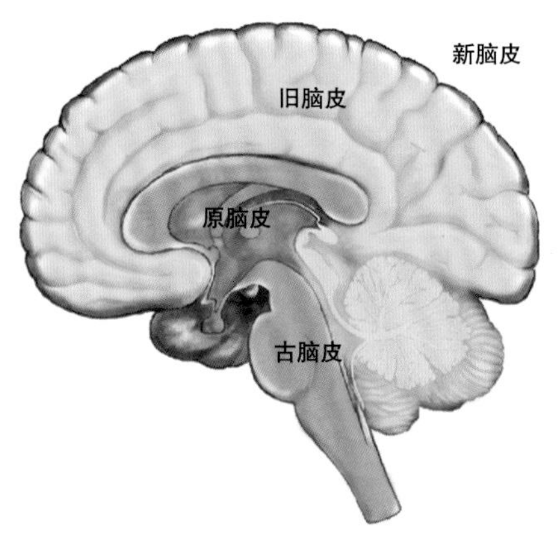


**大脑像俄罗斯套娃一样，一层套一层**

大脑分左右大脑两部分，由约 140 亿个细胞构成，重约 1400 克，大脑皮层厚度为 2 ~ 3 毫米，总面积约为 2200 平方厘米，据估计脑细胞每天要死亡约 10 万个（越不用脑，脑细胞死亡越多）。人脑中的主要成分是血液，血液占到 80%，大脑虽只占人体体重的 2%，但耗氧量达全身耗氧量的 25%，血流量占心脏输出血量的 15%，一天内流经脑的血液为 2000 升。脑消耗的能量若用电功率表示，大约相当于 25 瓦。

生物由最初的单细胞原核生物（蓝藻），在基因突变的前提下，经过自然选择的作用，历经 35 亿年的缓慢演变，才进化出地球上最高等的智慧生物——人类。人体由 50 万亿 ~ 70 万亿个细胞组成，有 23000 ~ 25000 个基因。就脊椎动物的进化而言，每一次进化的巨大飞跃，都表现在动物器官的巨大进步方面，5.3 亿年前昆明鱼最先有了脊椎，其后脊椎动物依次出现了上下颌骨（嘴巴）、四肢和五趾（指）、羊膜卵、前肢捕食后肢行走、体温恒定（羽毛、胎生哺乳），直到人类两足站立，直立行走，有了交流的语言。

生物演化遵循三个最重要的原理：

其一，“继承性演化原理”。生物体的器官（特征）几乎都是由祖先已有的器官（特征）演化来的，从来不会凭空产生新的器官（特征）。如牙齿是由鱼鳞演化来的，肺是由鱼的消化道分支演化来的，鸟儿、蝙蝠和翼龙的翅膀是脊椎动物高度特化的前肢。

其二，“可拆分性演化原理”。物种不是作为一个整体，而是可拆分开来演化的，许多器官（特征）几乎都是独立演化的。也可以说，生物体就是器官的组合体，每一个器官都可以拆分开来演化。

其三，“简单有效演化原理”。这就是所谓的奥卡姆剃刀原理，即“如无必要，勿增实体”。也就是说，没有必要的器官特征，生物体是不会演化出来的。如空中飞行的鸟类蝙蝠演化出翅膀，水里游泳的海狮海豹演化出鳍状肢，而生活在地上双足直立行走的人类，演化出灵巧的双手，而不会长出翅膀。

## 15.1 动物大脑的演化

从鱼到哺乳动物脑皮（大脑皮质）的系统进化历程，被分为 4 个阶段：古脑皮、原脑皮、旧脑皮和新脑皮，犹如俄罗斯套娃一样，大娃套小娃，后来进化出的脑总是套住以前出现的脑。

1. 古脑皮，指原始类型的脑皮，即鱼类的脑，古脑皮最初只是一对

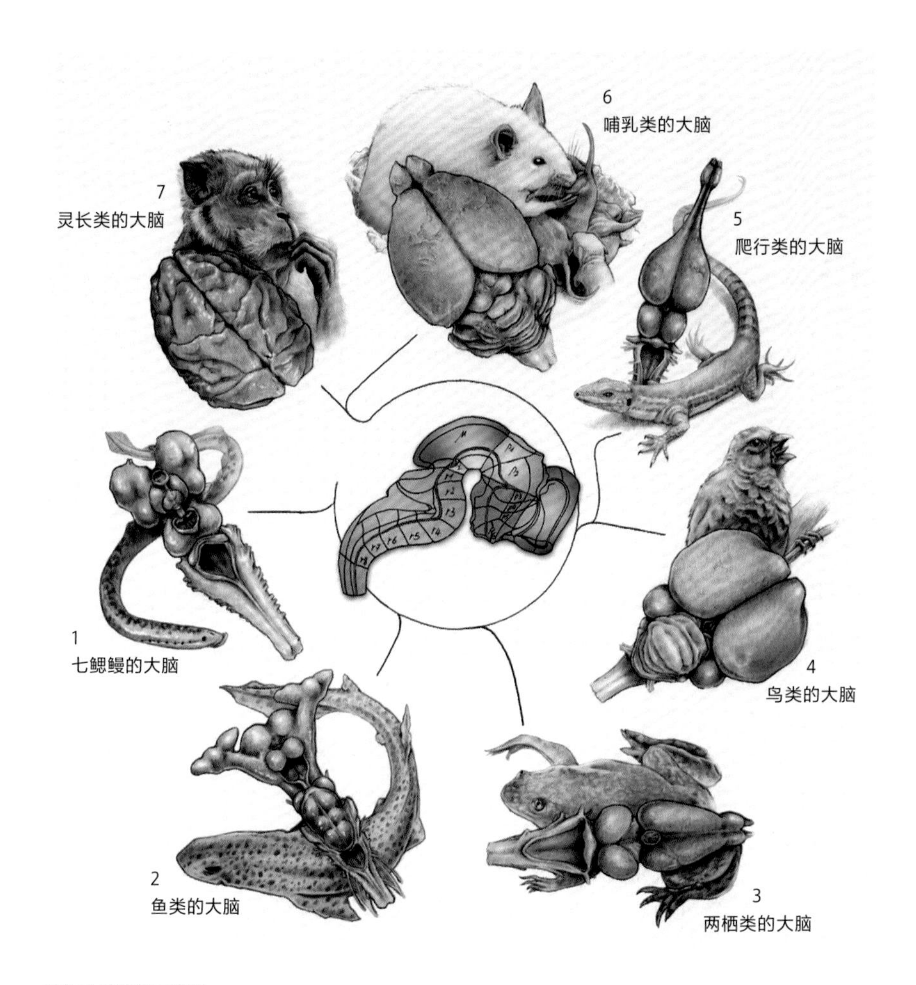


动物大脑演化示意图

平滑的突起，如七鳃鳗的大脑。与脊髓（内部是灰质，外围是白质）一样，缺少大脑皮质，只有灰质（神经细胞中的细胞体，是神经中枢，负责接收、发出指令，形象比喻成指令接收、发出器）位于内部，白质（神经细胞中的突起，负责传递灰质的指令，相当于指令传递组织）包在灰质之外。嗅叶经过大脑与后面的神经元或神经细胞联系。

2.原脑皮，指两栖动物和原始爬行动物的脑，也称“基础脑”，包括脑干和小脑，是最先出现的脑成分。它由延脑、脑桥、小脑、中脑，以及最古老的基底核——苍白球与嗅球组成。对于爬行动物来说，脑干和小脑对物种行为起着控制作用，出于这个原因，人们把原脑皮称为“爬行动物脑”。原脑皮和古脑皮皆和嗅觉相联系，所以说两栖动物和原始爬行动物大脑的机能仍是以嗅觉为主。

在爬行动物脑操控下，人与蛇、蜥蜴有着相同的行为模式：呆板、偏执、冲动、一成不变、多疑妄想，如同“在记忆里烙下了祖先们在蛮荒时代的生存印记”。

3. 旧脑皮，指后期爬行动物和原始哺乳动物的脑，也称旧大脑皮质或中间脑（古哺乳动物脑），包括下丘脑、海马体以及杏仁核。与进化早期的哺乳动物脑相对应，并与情感、直觉、哺育、搏斗、逃避，以及性行为紧密相关。如神经学家保罗·麦克里恩所察，情感系统一向是爱恨分明的，一件事物要么好，要么坏，没有中间状态。在恶劣的环境中，正是依赖这种简单的“趋利避害”原则，生存才得到保证。

旧脑皮负责教条化与偏执狂、自卑感、对欲望的合理化等行为。

4. 新脑皮，大脑、脑皮质，或者叫新皮质。新脑皮是进化的哺乳动物、灵长类，甚至我们人类的脑，就是指的高级脑或理性脑，它几乎将左右脑半球全部囊括在内，还包括了一些皮质下的神经元组群。新脑皮有“发明创造之母，抽象思维之父”之称。人类大脑中，新脑皮占据了整个脑容量的 2/3，而其他动物种类的新脑皮占比较小。

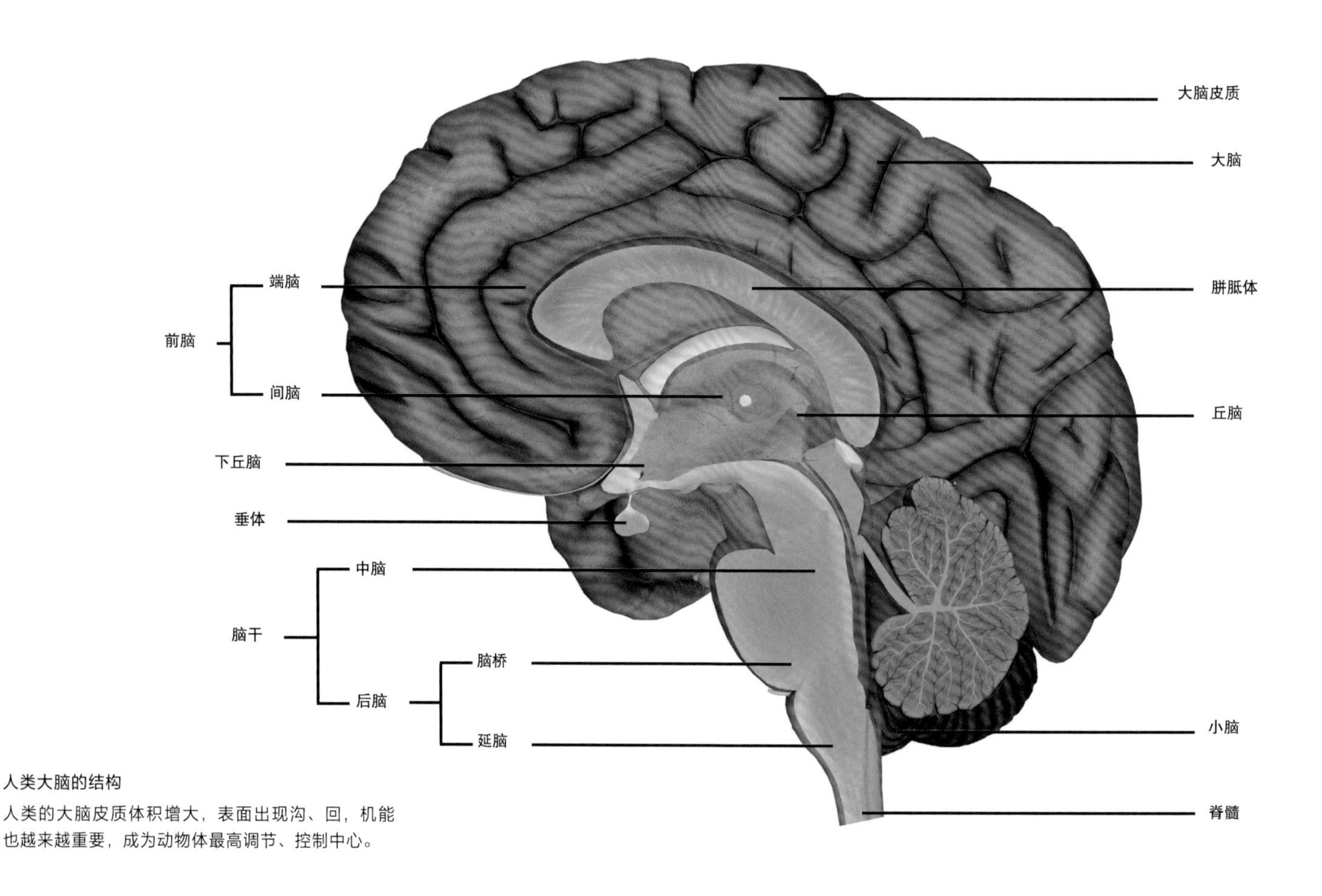


人类大脑的结构

人类的大脑皮质体积增大，表面出现沟、回，机能也越来越重要，成为动物体最高调节、控制中心。

## 15.2
# 动物由口到颌骨的演化

早在5.35亿年前，就出现了第一个有口的动物——皱囊虫；5.3亿年前又出现了第一个有鳃裂动物，如西大动物；大约在4.5亿年前，甲胄鱼进化出颌骨的雏形，如曙鱼；后来鱼的鳃弓演化成盾皮鱼的原始颌骨，在4.23亿年前，出现了长有原始颌骨的长吻麒麟鱼；在原始颌骨的基础上，又进化出具有真正颌骨（上下颌骨）的全颌鱼，如4.23亿年前的初始全颌鱼。从此动物才真正有了嘴，我们人类能够吃饭、唱歌、咀嚼和撕咬等，就是因为有了颌骨。两栖动物、爬行动物、哺乳动物以及我们人类的颌部，鸟类的喙部等，都是由初始全颌鱼的颌骨进化而来的。

脊椎动物各式各样的颌部（嘴巴）

## 15.3
# 动物牙齿的演化

剑桥大学吉利斯博士及其研究团队发现，鱼类最早长出的牙齿是从鳞片进化而来的。现代鱼类的鳞片与它们的远祖大不相同，远古鱼类的鱼鳞更像尖利的牙齿，叫做“肤齿”。在演化过程中，这些“肤齿”从原始

鱼类的牙

鱼类的牙，主要作用是捕捉食物，没有咀嚼功能。全口牙的形态多为等长的三角片或单锥体形，故称为同形牙。

鱼类的外皮逐渐转移到嘴中，此后演变为所有脊椎动物的牙齿。

动物牙齿演化的基本趋势：

1. 牙形由单一同形牙向异形牙演化；

2. 牙数由多变少；

3. 牙的替换次数由多牙列向双牙列演化；

4. 牙根从无到有；

5. 牙的分布由广泛至集中于上、下颌骨；

6. 牙附着于颌骨的方式由端生牙至侧生牙，最后向槽生牙演化。

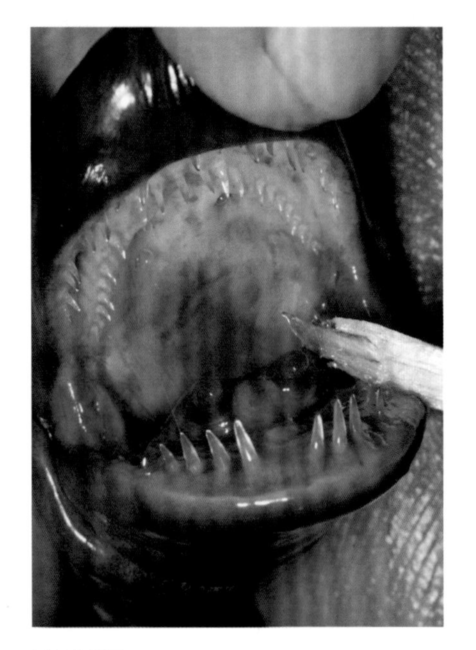

两栖类的牙

两栖类的牙仍为单锥体、同形牙、多列牙、端生牙，数量虽然没有鱼类那么多，但仍分布于颌骨、腭骨、犁骨、蝶骨等的表面。

爬行类的牙

爬行类的牙仍为单锥体、同形牙、多列牙，但是牙已逐渐集中分布于上、下颌骨上。牙齿具有一定撕咬能力，但不具有咀嚼功能。

哺乳类的牙

哺乳类的牙已经发展为异形牙，可分为切牙（门齿）、尖牙（犬齿）、前磨牙和磨牙（臼齿）四类。一颗牙分为三个部分，牙冠、牙颈和牙根。一生中只换牙一次，故称为双牙列。数量显著减少。牙根发达，深埋于颌骨的牙槽窝内，主要功能是咀嚼，故能承受较大的咬合力。

## 15.4 动物眼皮与睫毛的演化

鱼类：生活在水里，没有眼皮，更谈不上睫毛的发育。

两栖动物：3.67 亿年前开始登上陆地生活，发育眼皮以保持眼睛湿润；脊椎动物的眼皮都是由此演化来的。

爬行动物：具有眼皮，但不具有眼睫毛；有少量爬行动物的眼睛上方具有睫毛般的异化鳞片。

鸟类：许多鸟类具有睫毛，如犀鸟、鸵鸟、蛇鹫等。

哺乳动物：发育毛发，所以有了眼睫毛，防止风沙迷眼。

脊椎动物的眼皮与睫毛

## 15.5 动物“脖子”的演化

提塔利克鱼与其他鱼类不同，位于腮附近限制头部转动的骨盘已缺失，它是最早拥有颈关节的鱼类，因此头部能够自主活动，便于捕食。到了两栖动物，如鱼石螈，有了较为灵活的颈部，在捕食猎物时更加方便、快捷。脊椎动物，乃至长颈鹿和人类的“脖子”都是由此演化来的。

水里生活的鱼没有脖子，头部与身体一起转动；陆地生活的脊椎动物，发育了脖子，头部转动更加灵活，更便于捕食和进食，更有利于生存与繁衍。

脊椎动物各式各样的“脖子”

## 15.6
# 动物鼻孔的演化

中国科学院张弥漫院士和朱敏研究员通过对杨氏鱼和肯氏鱼的研究，揭示了动物鼻孔的演化。2004 年，朱敏与瑞典乌普萨拉大学的 Ahl berg 博士合作对肯氏鱼（*Kenechthys*）进行研究，通过细致的标本修理和观察，终于取得了突破性进展。新的研究成果表明，肯氏鱼正处于外鼻孔向内鼻孔进化的过渡阶段。肉鳍鱼类在进化过程中，肯氏鱼后外鼻孔发生了“漂移”，进化为内鼻孔（鼻腔与口腔之间的一个通道），为肺呼吸空气提供了通道，说明内鼻孔是由后外鼻孔进化来的，并将研究成果发表于《自然》杂志上。

两栖类以及陆地脊椎动物的内鼻孔都是由此进化来的，有了内鼻孔我们才能呼吸到新鲜的空气。

鼻孔的演化：从杨氏鱼的外鼻孔，经肯氏鱼鼻孔的“漂移”，到真掌鳍鱼具有内外鼻孔。

科学家们通过对四种肉鳍鱼类的比较解剖学研究发现，肺鱼和拉蒂迈鱼同其他鱼类一样，都没有真正的内鼻孔，只有前、后两对外鼻孔，外鼻孔只是嗅觉器官，没有呼吸功能。水从前外鼻孔流进，从后外鼻孔流出，鱼感觉到味道。

肯氏鱼的颌弓由上颌骨和前上颌骨组成，但二者并不连接，中间有一个间隙，这恰恰是肯氏鱼后外鼻孔的位置，这就意味着，在肉鳍鱼类进化中，存在一个上颌骨和前上颌骨裂开，然后又重新连接的过程，这为鼻孔的“漂移”提供了通道。

真掌鳍鱼已发育一对前外鼻孔和一对内鼻孔。

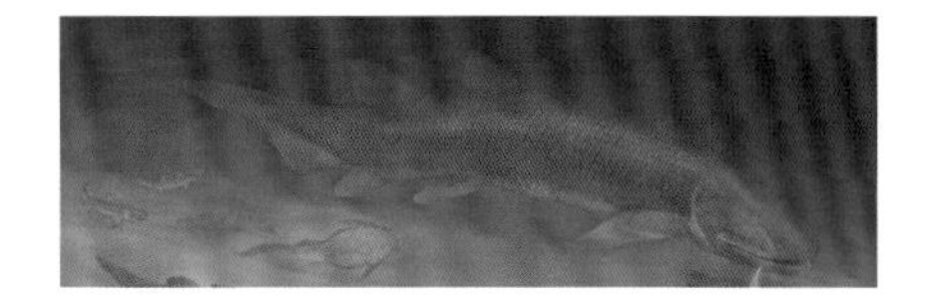

杨氏鱼，原始肉鳍鱼，只有前后外鼻孔

肯氏鱼，正处于从外鼻孔向内鼻孔进化的过渡阶段

真掌鳍鱼，较为进化的肉鳍鱼，进化出内鼻孔

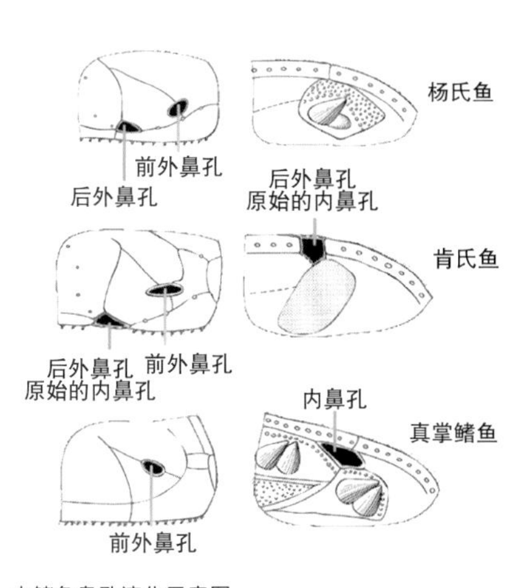


肉鳍鱼鼻孔演化示意图
前、后外鼻孔（杨氏鱼）→前外鼻孔、原始内鼻孔（肯氏鱼）→前外鼻孔、内鼻孔（真掌鳍鱼）

15.7

# 动物肢体的演化

在 3.77 亿年前的泥盆纪末期，发生了第三次生物大灭绝事件，前后历时 500 万年。3.77 亿年前，地壳剧烈晃动，大量高温气体从西伯利亚地区的海床裂缝中喷出，海水开始沸腾，生物大量死亡。紧接着，3000 亿立方千米的岩浆喷涌而出，摧毁了附近所有的珊瑚礁和其他生物。火山灰遮天蔽日，导致地球无法获得太阳能，气温开始迅速下降，全球气候变冷，海平面退缩，历时 500 万年，海生生物遭受重创。肉鳍鱼登陆，进化出具有四足和 5 ~ 7 脚趾的两栖类动物，如鱼石螈。为适应陆地生活，在自然选择的作用下，后来的两栖动物都演变成了 5 个脚趾，如原水蝎螈。此后，爬行动物、哺乳动物的四肢，以及人类的手臂和双腿以及 5 个手指和脚趾，还有猛禽的利爪和翅膀都是由此进化而来的。

从鱼鳍到四肢、脚趾的演化示意图

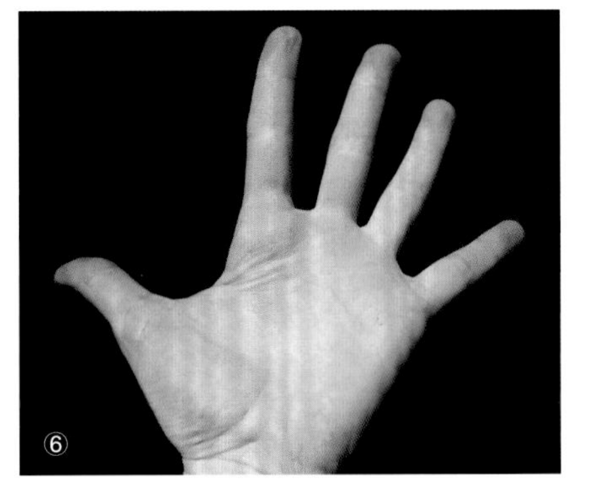

脊椎动物各式各样的趾爪和人的手指
①鱼的肉鳍
②两栖类的前肢与 5 趾
③恐龙的前肢爪
④鹰的爪子
⑤熊的爪子
⑥人的手指

## 15.8
# 动物复眼的演化

长有复眼的三叶虫化石

三叶虫是较早进化出复眼的节肢动物，它的复眼由 100 多个小眼组成，小眼是透明的单个方解石晶体，没有现在动物具有的晶状体，视力不佳。仅仅几百万年之后，三叶虫复眼就发育得更加完善，具有了更高的影像分辨率。

具有复眼的昆虫有 30 多万种，在昆虫的世界里，眼睛最多的是蜻蜓。蜻蜓的小眼在昆虫中也是最多的。它的大复眼十分发达，差不多占了整个头部的一半。蜻蜓的一只大复眼由 28000 多只小眼组成。蜻蜓复眼中的小眼越多，看到的东西越清楚。

复眼的好处就是，可以看清高速物体（例如高速运动的子弹）的运动轨迹，因为复眼的每个小孔相当于一个瞳孔，行进中的高速物体的轨迹可以被复眼上的许许多多小孔捕获，就形成了物体行进的一个连串的过程。光线通过这些小孔进入到复眼小孔底部的感光细胞上，再通过视觉神经传输到大脑，反映出高速运动物体的轨迹图像。通常情况下，昆虫只注意运动中的物体。

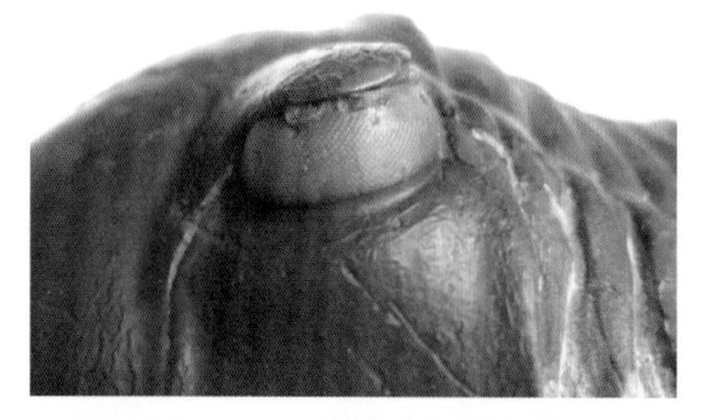

三叶虫的复眼

蜻蜓的复眼

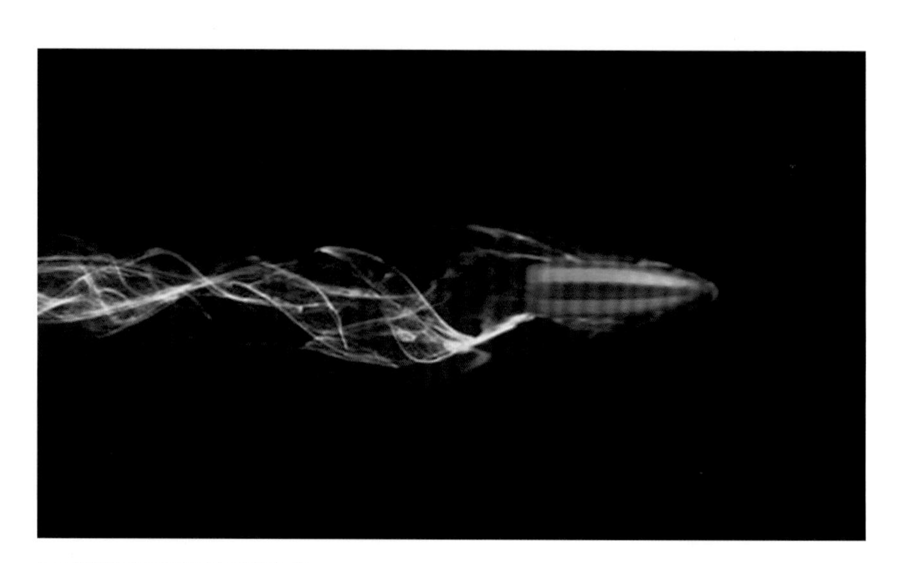

复眼能够捕捉高速运动子弹的轨迹

# 15.9 动物眼睛的起源

眼睛的进化历史甚至比脊椎动物的进化历史还长——在遗传学和发育学的研究中，我们找到了一些关键的基因，比如 PAX6 基因，它在眼、神经系统、鼻、胰腺和内分泌等组织器官的发育中起重要作用。这个基因源自所有两侧对称动物的共同祖先，在神经系统和眼睛的发育中发挥着关键作用；而且高度保守，哺乳动物的 PAX6 基因可以在昆虫身上发挥同样的功能，这意味着动物界 30 多个门类的眼睛在进化的极早期有相同的来源：一个覆盖色素的凹陷，并没有成像功能。

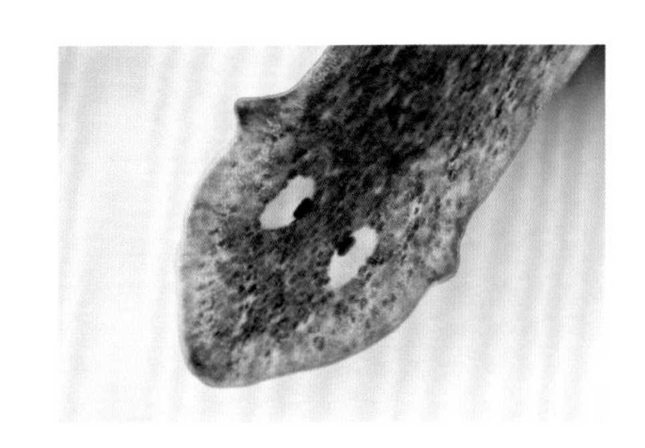

三角涡虫

三角涡虫属扁形动物门，它的眼睛非常接近我们共同祖先的眼睛：两个铺有色素的凹陷，一些神经细胞伸入凹陷，感受光刺激引发的化学反应。

## 最原始的眼睛

最原始的眼睛只是两个细胞组成的感光点，在自然选择的作用下，生物基因发生适应性变异，这两个感光点渐渐进化成眼睛。最原始的这两个感光点只能感光，不能感觉方向。如三角涡虫的眼睛。

扁虫前端有两个色素点，是原始的眼睛，以后所有的脊椎动物——鱼类、两栖类、爬行类、哺乳类，它们的眼睛都是由这两个色素点（感光点）进化而来的，甚至人类的眼睛，也都是由此进化来的。

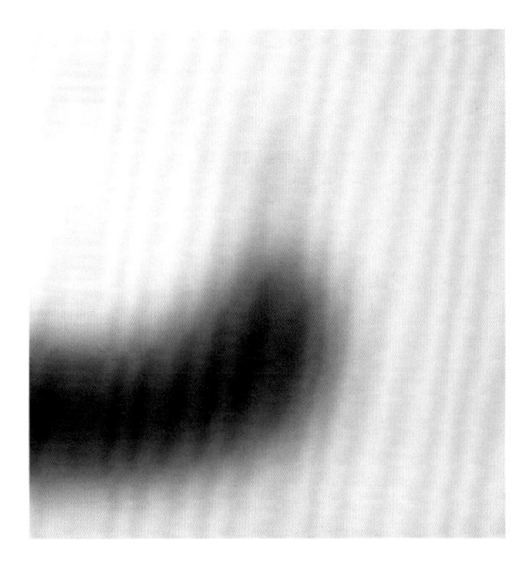

上边是我们看到的图像，下边是三角涡虫看到的图像

## 眼睛演化步骤

研究发现，所有动物的眼睛都起源于扁虫那样最简单的眼睛结构，并受到 PAX6 基因家族的控制。而脊椎动物的眼则是脑部的延伸。脊椎动物的这个眼睛结构是非常好的，这种结构的外层视网膜的代谢能力更强，视网膜色素上皮细胞的发育能够减轻光氧化。从最简单的眼睛演化到最完善复杂的眼睛结构，所需要的时间，比我们想象的要短。依据数学模型推导这个演化过程仅需要几十万年（Nilsson & Pelger）。眼睛演化示意图标示出了每一步所需要的步骤数（steps）。

步骤

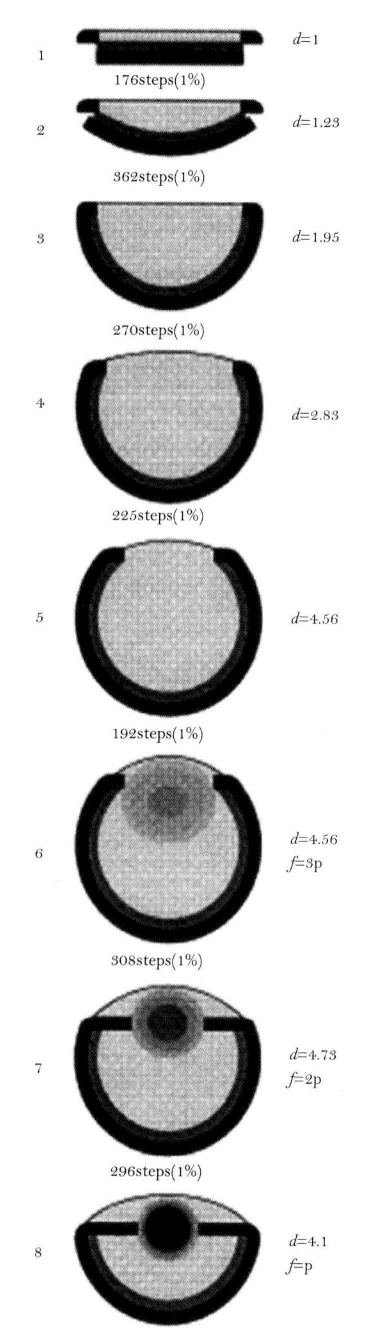


眼睛演化示意图

左图清晰地说明了眼睛的演化，演化过程大致如下：

1. 最早的眼睛只是两块感光细胞的斑点，只能感光，不能感觉方向。如扁虫的眼睛就是两个感光点。

2. 一些生物有了内陷的杯形眼，其实就是一处铺满了视神经的内陷。优点是这种结构能够限制光线，生物能辨别光的方向了，如涡虫的眼睛开始有了内陷。

3. 一些有杯形眼的生物，其杯的凹陷越来越深；

4. 杯口开始收缩得越来越小；

5. 凹陷的杯形眼变成了一个眼（空）腔，于是针孔成像眼出现了（代表动物鹦鹉螺），在进化过程中眼腔渐渐被透明的组织填满。这些透明的组织恰好起到了保护视网膜作用，防止感染（可以说，空腔里没有充填透明组织的生物，因为容易被感染，生命比较短，所以灭绝了）；

6. 后来从填满空腔的透明组织内分离出了玻璃体、晶状体，眼球变得越来越复杂；

7. 复杂眼，如章鱼的眼睛（它们的血管和神经在视网膜后面，没有盲点，一般认为，章鱼的祖先是先有眼后有脑，它们的眼是头部皮肤的一部分，这一性状被遗传下来了）；

8. 最终形成了如人的眼睛一样复杂的构造。

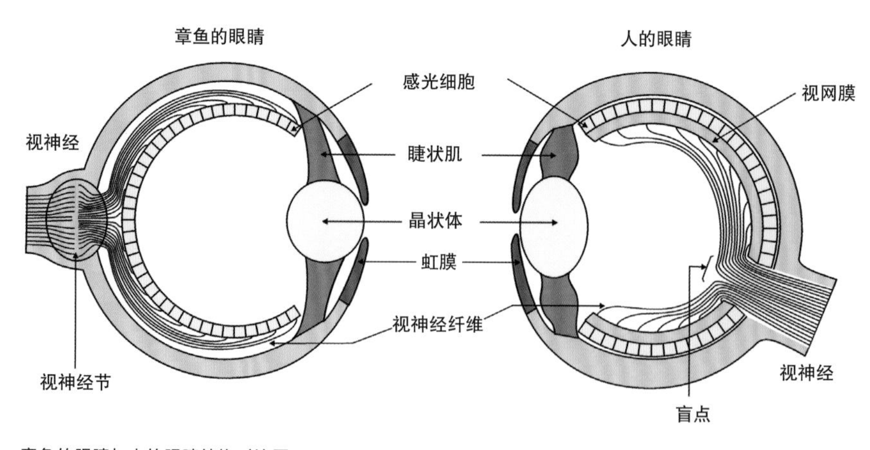


章鱼的眼睛与人的眼睛结构对比图

# 15.10
# 动物眼睛的特征演化

## 鱼的眼睛

鱼眼的结构基本与人眼相似，但结构非常简单，既没有眼睑，又没有泪腺，眼内的水晶体为圆球形，这种水晶体的弯度不能改变，从而限制了鱼眼的视线，仅能看到 1 ~ 2 米外的景物，所以鱼是高度近视眼。由于鱼长期生活在水里，多为色盲，将红色视为褐色，只对白色稍微敏感。在水里，没有风沙，所以鱼根本不需要眼睑，就能保持眼睛湿润，也不用防止风沙飞虫迷眼。

## 两栖动物、爬行动物和哺乳动物的眼睛

爬行动物、两栖动物、鱼类视力都不好，并都是色盲。

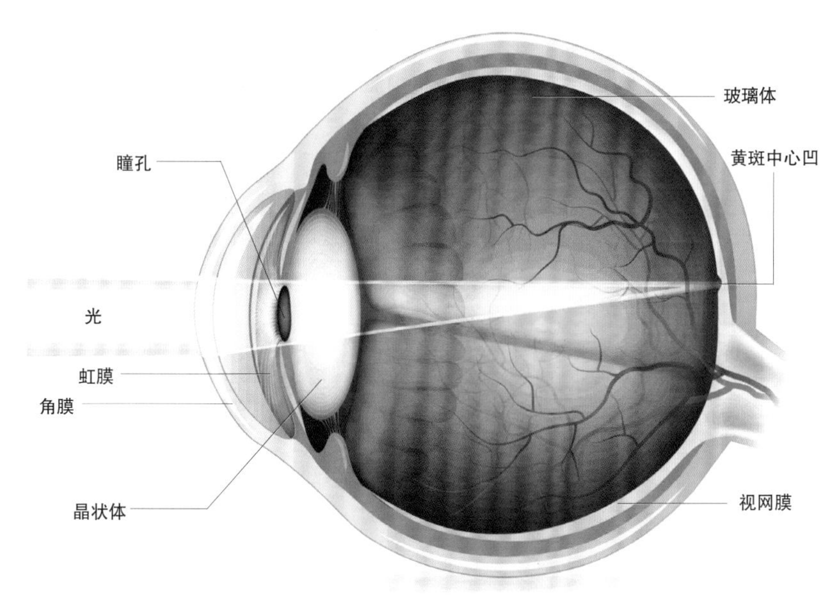


人眼结构示意图

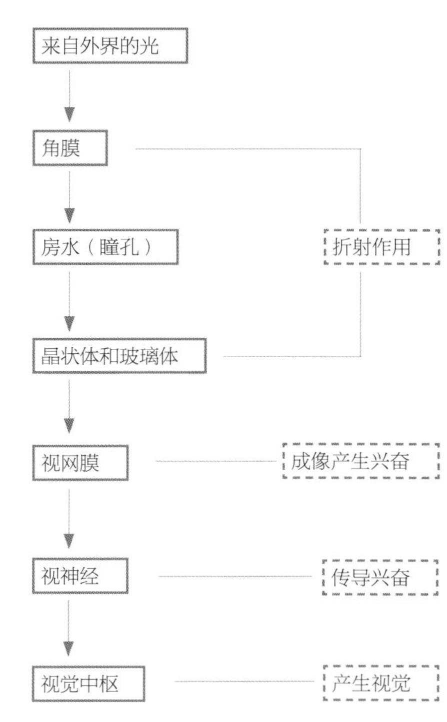


人眼视觉的形成示意图

晶状体的调节：在眼的折光系统中，改变折光度主要依靠晶状体，所以晶状体在眼的调节作用中起着重要的作用。

瞳孔的调节：在正常情况下，强光下瞳孔缩小，减少进入眼内的光量；弱光下瞳孔扩大，增加进入眼内的光量。此外，看远处物体时瞳孔扩大，增加进入眼内的光量；看近处物体时瞳孔缩小，减少进入眼内的光量，使成像清晰。这和照相机的光圈原理是一样的。

特别提醒：

①物像是在视网膜上形成的，而视觉是在大脑皮质的视觉中枢产生的。

②在视网膜上形成的物像是倒立的、缩小的实像。

③眼睛通过睫状体（内含平滑肌）调节晶状体的曲度来看清远近不同的物体。看远处物体时，睫状体舒张，晶状体凸度变小；看近处物体时，睫状体收缩，晶状体凸度变大。

**鱼的眼睛**

鱼虽是近视眼，但对折射光线却很灵敏。实际上，鱼类的视野比人的视野要广阔得多。鱼类不用转身就能看见前后左右和水面上的物体。

青蛙、蛇都对运动的物体极其敏感，可以用舌准确地捕获移动的猎物，而对一动不动的动物，则视而不见。

除灵长类外，绝大多数哺乳动物都是色盲，如牛、羊、马、狗、猫以及老虎、狮子、豹子等，几乎无法分辨颜色，在它们的眼睛里只有黑、白、灰三种颜色。

大多数草食性动物，如马、牛、羊等，两只眼睛长在头部的两侧，两眼的视野完全不重叠，左右眼各自感受不同侧面光的刺激，所谓的单眼视觉，没有立体视觉，视野广，便于发现捕食者，因为草食性动物不用捕获猎物，所以不需要立体视觉。眼睛长在头的两侧，视野开阔，有助于警惕肉食性动物的袭击。

大多数肉食性动物视力很好，如老虎、狮子、猎豹等，需要以捕获猎物为生，所以两只眼睛长在头部前方，两眼鼻侧视野能够相互重叠，物体能够被左右眼同时看见，两眼同时看某一物体时产生的视觉，叫双眼视

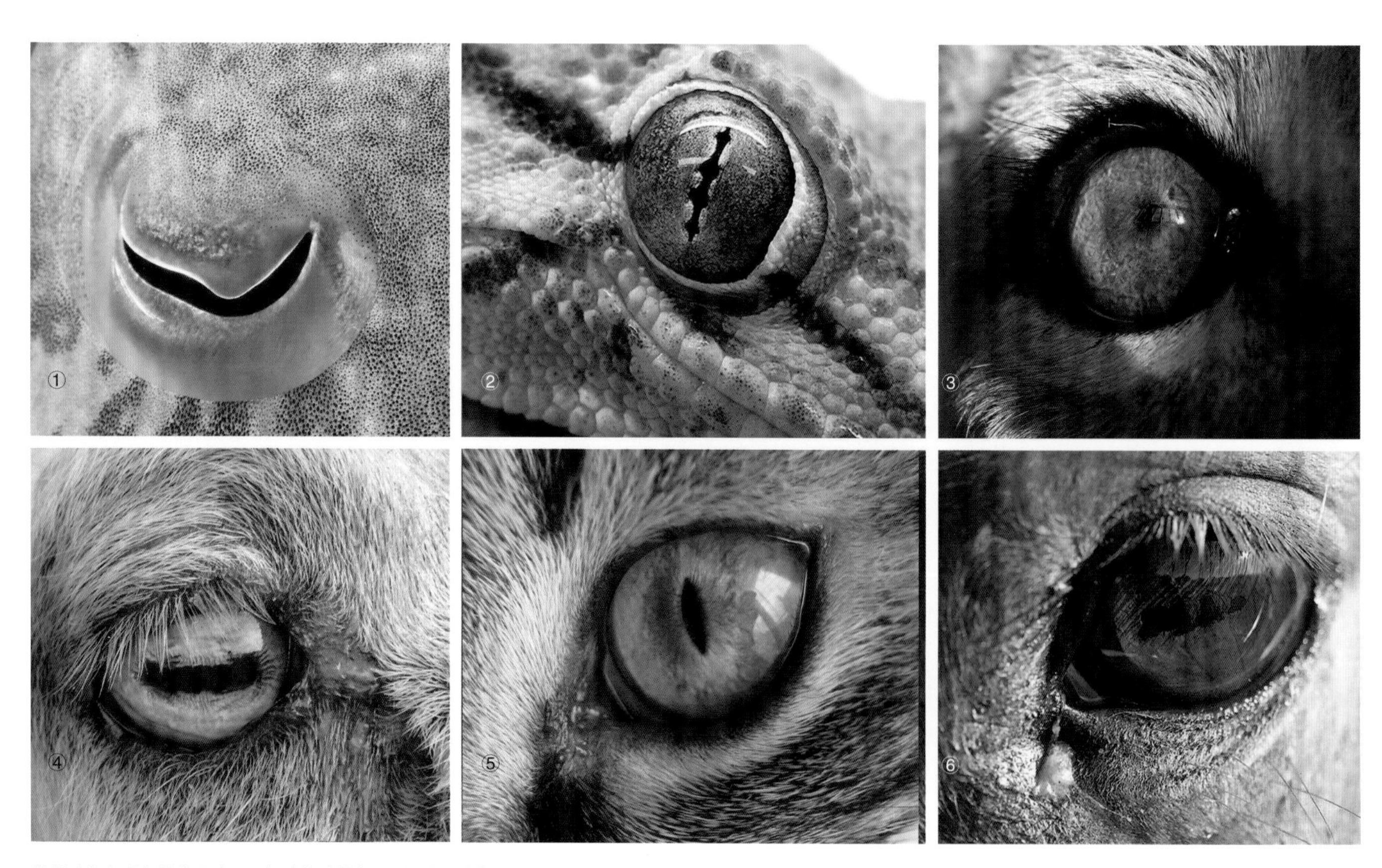



脊椎动物各式各样的眼睛：两栖动物（①）、爬行动物（②）、哺乳动物（③④⑤⑥）的眼睛

觉。具有双眼视觉的动物，双眼视物时，能够感受到物体的厚度以及物体的大小和距离，也称为立体视觉。立体视觉有助于准确地捕获猎物。

### 灵长类与鸟类的眼睛

大多数灵长类动物视力较好，有立体视觉，能分辨出许多颜色。

在灵长类中，人对颜色的分辨力最强，既有立体视觉，又有很好的颜色分辨力，除能分辨出红、橙、黄、绿、青、蓝、紫色外，还能分辨出数十种过渡颜色。

绝大多数鸟类视力极好，既有立体视觉，也有双重调节焦距的功能，尤其是猛禽类，如鹰、隼、雕等，视力最好，凭借超好的视力，它们能从高空高速俯冲下来捕获飞奔的猎物。

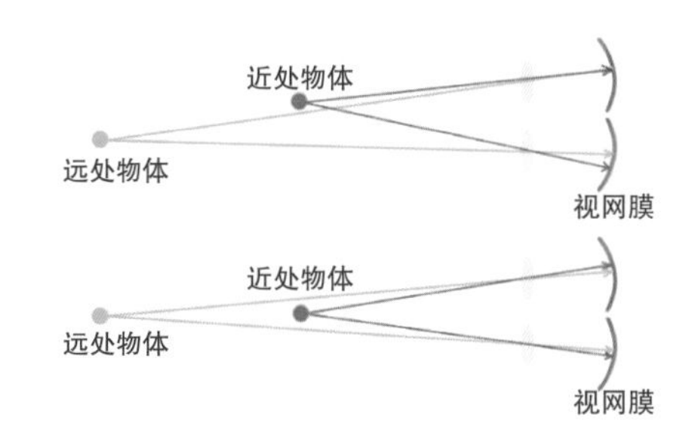

立体视觉原理示意图

鸟类的眼睛

食草动物的眼睛

食肉动物的眼睛

## 15.11
# 动物第三只眼睛的演化

人类确实有第三只眼睛，也称松果体，位于间脑脑前丘和丘脑之间，为一红褐色的豆状小体，是长 5 ~ 8mm，宽 3 ~ 5mm 的灰红色椭圆形小体，重 120 ~ 200mg。

科学研究表明，所有的脊椎动物，都曾有过第三只眼睛。随着生物的进化，这第三只眼睛逐渐从颅骨外移到了脑内，成了“隐秘”的第三只眼。科学家发现松果体的结构与功能类似眼睛，这个腺体可能是退化了的眼睛。

因为松果体具有和眼睛一样的视网膜细胞，因而它能直接感知光线并做出反应，影响身体的醒睡模式与季节周期，以及情绪。

### 松果体的奥秘

松果体，因外形类似石松球果内的松子而得名，在我们大脑的几何中

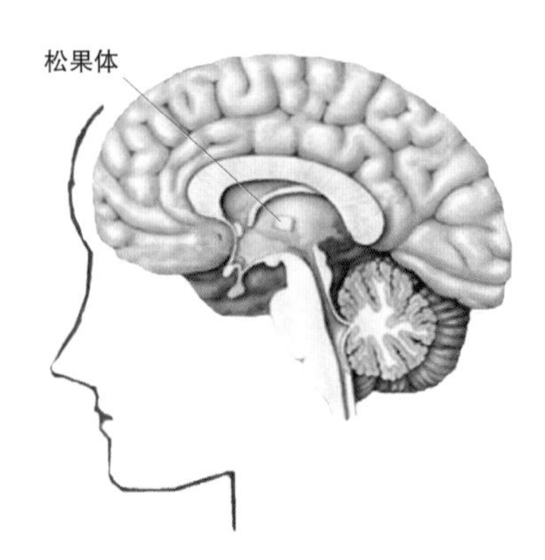


心。有趣的是，松果体是大脑唯一的“单一”部分，而不是拥有一左一右两部分。

斑点楔齿蜥的最显著特点是具有第三眼睑，即类似于松果状的眼，位于头颅的顶部，第三眼睑可以水平运动。

松果体细胞能分泌一种激素，即 5- 羟色胺，它在特殊酶的作用下转变为褪黑激素。当强光照射时，褪黑激素分泌减少；在暗光下褪黑激素分泌增加。

人体内褪黑激素多时会心情压抑，所以北欧人容易患抑郁症。

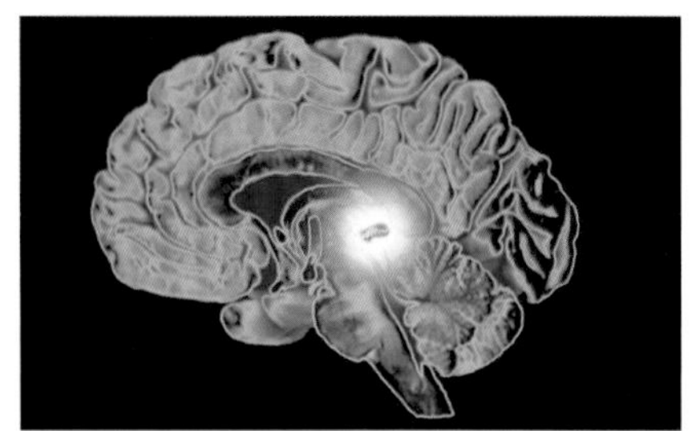

松果体——人类的第三只眼睛

现生最原始的爬行动物——斑点楔齿蜥

斑点楔齿蜥（*Sphenodontian*），属双孔亚纲鳞龙次亚纲楔齿蜥目。曾广泛分布在新西兰及其周围的岛屿上，它是现生最原始的爬行动物，长相类似于 2 亿年前的古爬行动物，四肢发达，颈部和背部长有鳞片壮嵴。名称虽然带有“蜥”字，其实并不是蜥蜴，是比蜥蜴更为原始的爬行动物。

拥有第三眼睑的其他动物，上为鬣鳞蜥，下为美洲牛蛙

拥有第三眼睑的其他动物，左为安乐蜥，右为刺尾蜥

褪黑激素在血浆中的浓度白昼降低，夜晚升高，影响人的生物钟，如女人的月经周期。居住在北极的因纽特人，由于冬天处在黑暗之中缺乏光照，褪黑激素分泌增加，因而妇女在冬天便停经了，而且，因纽特女子的初潮可延迟到 23 岁。

松果体分泌褪黑激素的浓度还与人的年龄密切相关，在 0 ~ 7 周岁，分泌的褪黑激素浓度随着年龄的增加而升高，到 7 岁时，达到高峰。而后随着人的年龄增高，褪黑激素的浓度逐渐下降。

褪黑激素的浓度影响人的睡眠时间，而且二者成正比。所以，随着人年龄的增加，褪黑激素浓度在降低，人的睡眠时间就减少，年轻人褪黑激素高，往往“睡不醒”，老年人的松果体几乎停止分泌褪黑激素，常常“睡不着”。

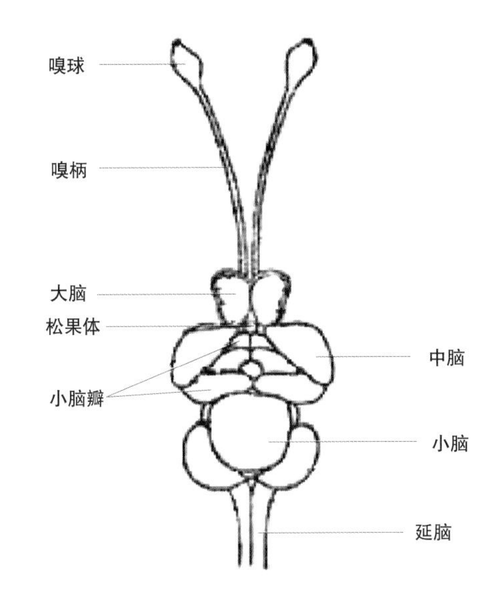

鲤鱼脑示意图（背侧面）

## 15.12 动物嗅觉的演化

从鱼开始，脊椎动物最先发育的是嗅觉，嗅觉组织是大脑组织向外的延伸。两栖动物和原始爬行动物大脑的机能仍是以嗅觉为主，因此，两栖动物和爬行动物的嗅觉较为发达，既具有探知化学气味的感觉功能，还具视觉、听觉功能，同时还具有红外线感受功能，能对环境温度微小变化作出反应。例如蛇总是将分叉的舌头不停地伸出来，感知猎物的方位、距离。

哺乳动物除嗅觉外，在视觉、听觉等方面都比两栖类、爬行动物较为进步。在嗅觉方面也不输给爬行动物，比如犬类具有非常灵敏的嗅觉。

鸟类具有超常的视觉和灵敏的听觉，但嗅觉较弱。

人类在听觉、视觉上都有较大的进步，但嗅觉发生了退化。

动物的听觉、视觉、嗅觉和味觉，是相互弥补的，比如视觉障碍者，往往听觉较灵敏。

早期的脊椎动物，如鱼类、两栖类，嗅觉十分灵敏，而视觉、听觉相对弱。鱼主要靠体内水分的振动而感知外部的事物。

蛇靠舌头感知猎物的方位和距离

## 15.13
# 类人猿鼻子的演化

非洲人的鼻子

欧洲人的鼻子

类人猿的鼻子演化，由小变大，鼻管由短变长，鼻头由塌陷变得隆起。

从古猿的朝天鼻（塌鼻子，鼻孔朝天），到匠人的鼻头隆起，海德堡人的鼻子更大，到尼安德特人和智人的鼻子坚挺。

人类在进化过程中，为了适应不同的气候条件，不同地方人类的鼻子进化出不同的形状。如生活在非洲的黑人，为适应那里干旱炎热的气候，黑人的鼻子变得鼻端肥大，鼻孔扩张，鼻毛浓密，以便吸入干热的空气，阻止体内水分的呼出。而生活在欧洲的白人，为适应那里寒冷的气候，白人的鼻子变得鼻梁高挺，鼻管狭长，以便加热吸入的空气，保护肺器官。

生活在亚洲的黄种人，鼻子的形状大小介于黑人与白人之间，鼻头变小，正好适应亚洲的气候。

**类人猿的鼻子形状的演化**

从上到下，从左到右分别为：乍得人猿、地猿始祖种、阿法南方古猿、匠人、海德堡人、尼安德特人、智人

# 15.14 人类下巴颏的演化

下巴颏是头颅底端凸出的部分，在类人猿中，只有智人才有下巴颏，但不足 4 岁的婴幼儿，也没有下巴颏。

从能人、匠人、海德堡人到尼安德特人，再到智人，人类越来越多地吃烤熟或煮熟的食物，咀嚼食物越来越省力，臼齿变得更小，甚至我们现代人发育了“智齿”，下颌骨变窄变小，脸部也变得越来越小，据测算，智人的脸比尼安德特人小约 15%，因此，脸部底部的骨骼也就随之突出来，可以说，人类不是“长出了下巴颏”，而是脸部变小，才使下巴颏突出来的。下巴颏成为智人最重要的特点之一，也是智人区别于其他人类的重要标志之一，而多数女性更以瓜子脸、尖下巴为美。

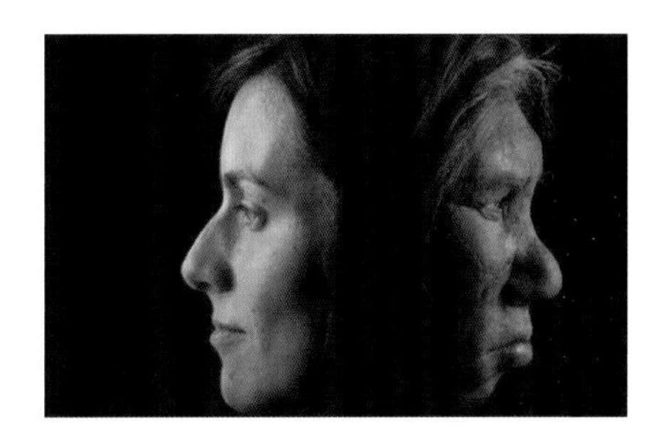

**现代人（左）与尼安德特人下巴颏的比较（Tim Schoon，爱荷华大学）**

现代人有下巴颏；尼安德特人没有下巴颏。

黑猩猩和猴子都没有下巴颏

**现代人幼年体与成年体下巴颏的比较**

现代人 3 ~ 4 岁时，几乎没有下巴颏，看上去十分平坦；直到成年下巴颏才慢慢突出。

## 15.15
# 动物耳的演化

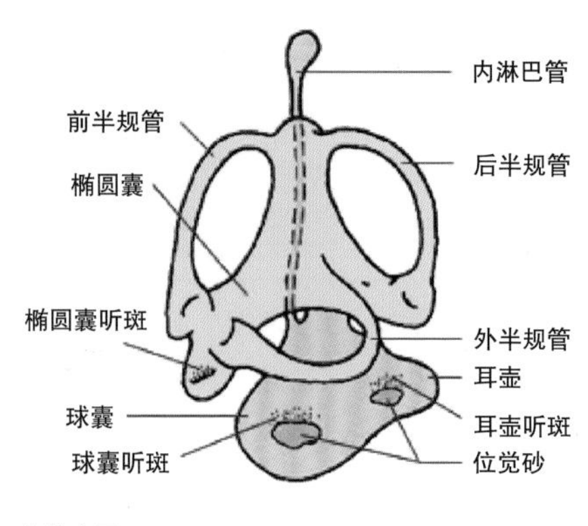

鱼的内耳

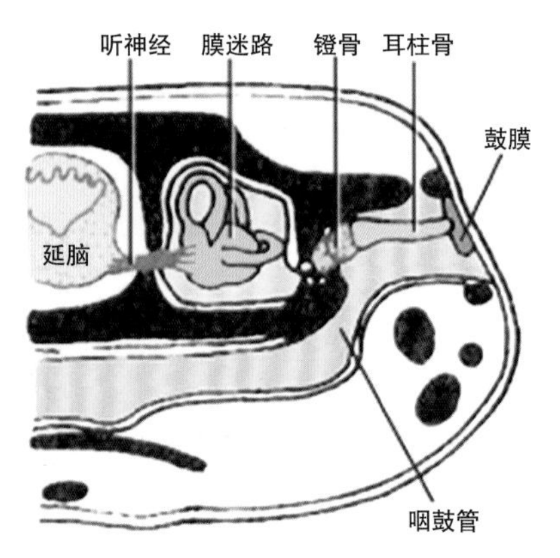

蛙的中耳

脊椎动物的听觉首先出现在生活于昏暗山洞或洞穴的动物身上。例如，适应黑暗生活的猫头鹰、猫和壁虎具有灵敏的听觉就佐证了这一点。随着环境的变化，脊椎动物已进化出了耳，通常位于头部，而不同种类的动物具有不同的耳结构。动物的耳有内耳、中耳、外耳之分，其中内耳最早出现。鱼类出现了内耳；两栖类才进化出了中耳，其内耳也更加复杂；鸟类和哺乳动物的听觉器官进化到了顶点，中耳发育完善，包括耳柱骨或听小骨。在四足动物中，只有哺乳动物有耳郭（外耳）。动物的耳是最为复杂的感觉器官之一。对于动物而言，听觉在逃避捕食者、追踪猎物、寻觅配偶以及相互交流等方面具有重要作用。听觉是动物获取外部信息的重要途径之一，也是人类语言发展的关键。

### 鱼类

鱼的鳃弓逐渐移到头部形成下颌，鱼的第二组鳃弓进化成舌颌骨，舌颌骨支撑下颌的后缘。

鱼有软骨鱼（如鲨等）和硬骨鱼（如鲤鱼、草鱼等）两大类，它们仅有内耳，内耳有 3 个半规管。鱼的鳃器官非常发达，开始有感音装置，如鱼鳔、耳石等，它们受振动时，刺激毛细胞。位觉砂在毛细胞和纤毛顶部之间产生相对运动，对细胞产生刺激，故可感受声音，但这种结构的主要功能还是起平衡身体的作用。

### 两栖动物

两栖动物的听觉器官除内耳外，又进化出了中耳。中耳内有听小骨，以适应传导空气中的声波。中耳由鱼类的喷水孔演化而来。耳柱骨是由鱼的舌颌软骨进入中耳室而形成的，两栖动物的听小骨只有耳柱骨和镫骨两部分组成，外界声波借鼓膜、耳柱骨、镫骨、前庭窗而传入内耳。内耳有毛细胞和覆膜。

两栖类动物的听觉器官虽然远超过鱼类，有了明显进步，但其内耳主要功能仍起平衡身体的作用。

## 爬行动物

爬行动物的下颌骨由关节骨、方骨和齿骨组成，舌颌骨缩小，并从下颌骨那里感受振动传到爬行动物的内耳，两栖动物蛙的耳柱骨就是由其舌颌骨形成的，犹如一个中间有孔的长条骨。

爬行动物的听觉器官较两栖动物进步，有了内耳和中耳，但无外耳（鳄类在鼓膜上方有稍隆起的皮肤褶，可认为是耳郭的雏形）。鼓膜在头部左右两侧的皮肤表面或稍凹陷处。中耳室内亦只有一块听小骨，即耳柱骨，蛇类和少数蜥蜴无中耳室，但仍有耳柱骨埋于肌肉与纤维组织内。爬行动物除前庭窗外，还出现了蜗窗。

## 鸟类

鸟类由真爬行动物进化而来，能在空中飞翔，听觉器官与爬行动物相似。以家鸽为代表，听囊在胚胎期就分前、中、后三耳骨。中耳室也只有耳柱骨一块，外侧为软骨并有 3 个突起，内侧为硬骨即镫骨，它连接鼓膜与前庭窗。鸟类有外耳，在头的两侧、眼的后方是外耳道的开口，由皮肤凹陷形成，外表面被羽毛覆盖，尚没有耳郭，但有一皮肤皱襞。外耳道底是鼓膜。

## 哺乳动物

在哺乳动物中，关节骨进化成锤骨，方骨进化成砧骨，下颌骨就由一

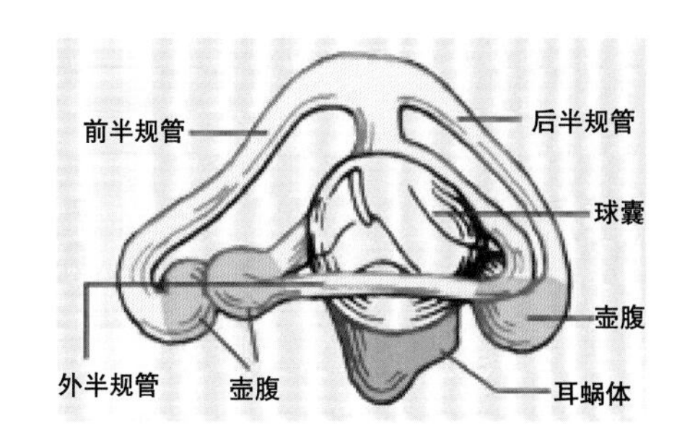

蜥蜴的膜迷路

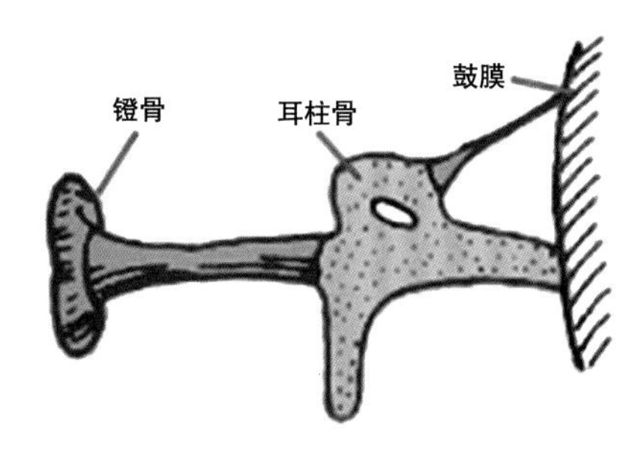

鸟的听小骨

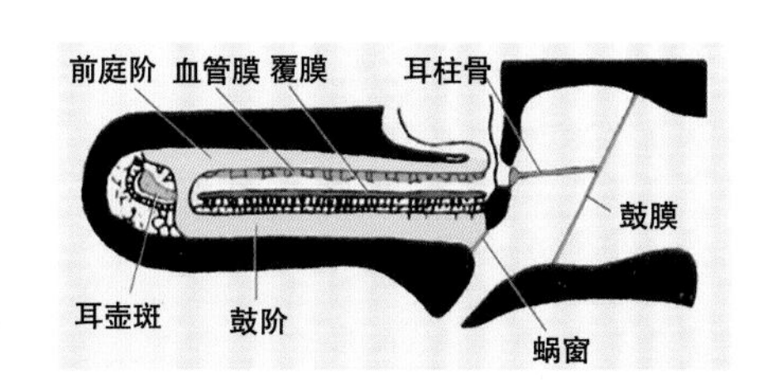

鸟的听觉器官

鸡的外耳郭

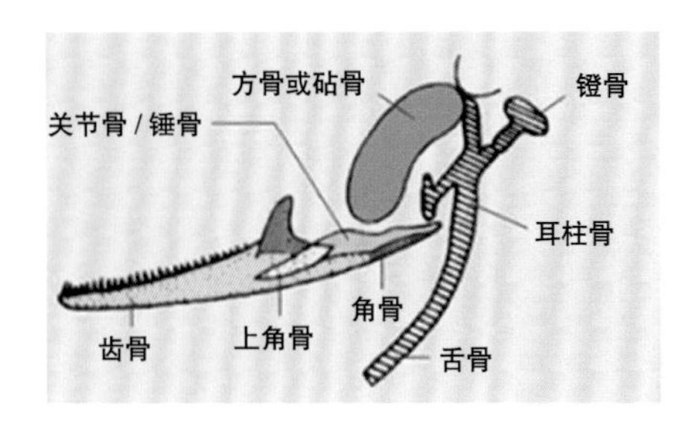


似哺乳类爬行动物或原始哺乳动物（卵生哺乳类和有袋类）听小骨

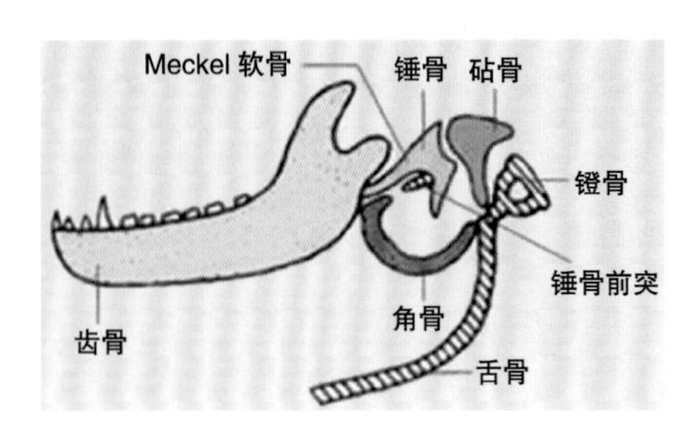


更高级的哺乳动物（胎盘类）听小骨

块组成，舌颌骨进化成镫骨；锤骨、砧骨和镫骨 3 块骨构成了哺乳动物的听小骨。

哺乳动物有敏锐的听觉，能够感受细微的声音，借以捕食和逃避猎食者。哺乳动物的听觉器官在爬行动物内耳、中耳基础上，又发育了外耳。外耳包括耳郭和外耳道。

耳郭形状各不相同，有的很大，有的很小甚至没有，如鲸、海牛、海豹和鼹鼠等水栖或穴居的哺乳动物。有的耳郭表面有丰富的血管，可散热，有调节体温功能；有的耳郭可转动，以收集声波，增加听觉灵敏度。外耳道细长借鼓膜与中耳隔开，相当于鱼类喷水管外段，分软骨部和骨部，但狮、猫、白鼠和狗均无骨性外耳道，而鲸无外耳道。

## 人类

德国古生物学家约翰内斯·缪勒和林达认为，动物最早的耳朵是在 2.6 亿年前为适应黑暗环境而产生的。陆地脊椎动物的耳朵能够听空气传播的声音，并独立进化了至少 6 次，这些动物包括哺乳动物、蜥蜴类爬行动物、蛙类、乌龟类、鳄类和鸟类，它们的耳朵都有某些共同的特征：一是中耳内的鼓膜用来收集声波；二是中耳中的听小骨能把声音传送至内耳。

人耳分外耳、中耳和内耳。外耳就是耳郭和外耳道。耳郭具有保护外耳道和鼓膜的作用，并收集声音导入外耳道，以辨别声音的来源。当声音向鼓膜传送时，外耳道能使声音增强。外耳道也具有保护鼓膜的作用，其弯曲的形状使异物很难直接触及鼓膜，耳毛和耳道分泌的耵聍（耳屎）也能阻止进入耳道的小物体触及鼓膜。

中耳由鼓膜、中耳腔和听小骨组成。听小骨包括锤骨、砧骨和镫骨，位于中耳腔。听小骨可使声能通过中耳结构转换成机械能，并利用杠杆作用使得声音的强度增加 30 分贝。

内耳由半规管、前庭、耳蜗三个独立部分组成。前庭是卵圆窗内微小的、不规则形状的空腔，是半规管、镫骨足板、耳蜗的汇合处。半规管可以感知各个方向的运动，起到调节身体平衡的作用。耳蜗是被颅骨包围的像蜗牛一样的结构，可感受和传导声波。内耳负责把中耳传来的机械能转换成神经冲动并传送至大脑，我们就能听到声音了。

半规管
砧骨
前庭
耳蜗
锤骨
外耳道
鼓膜
镫骨
外耳
中耳
内耳

人类耳部结构图

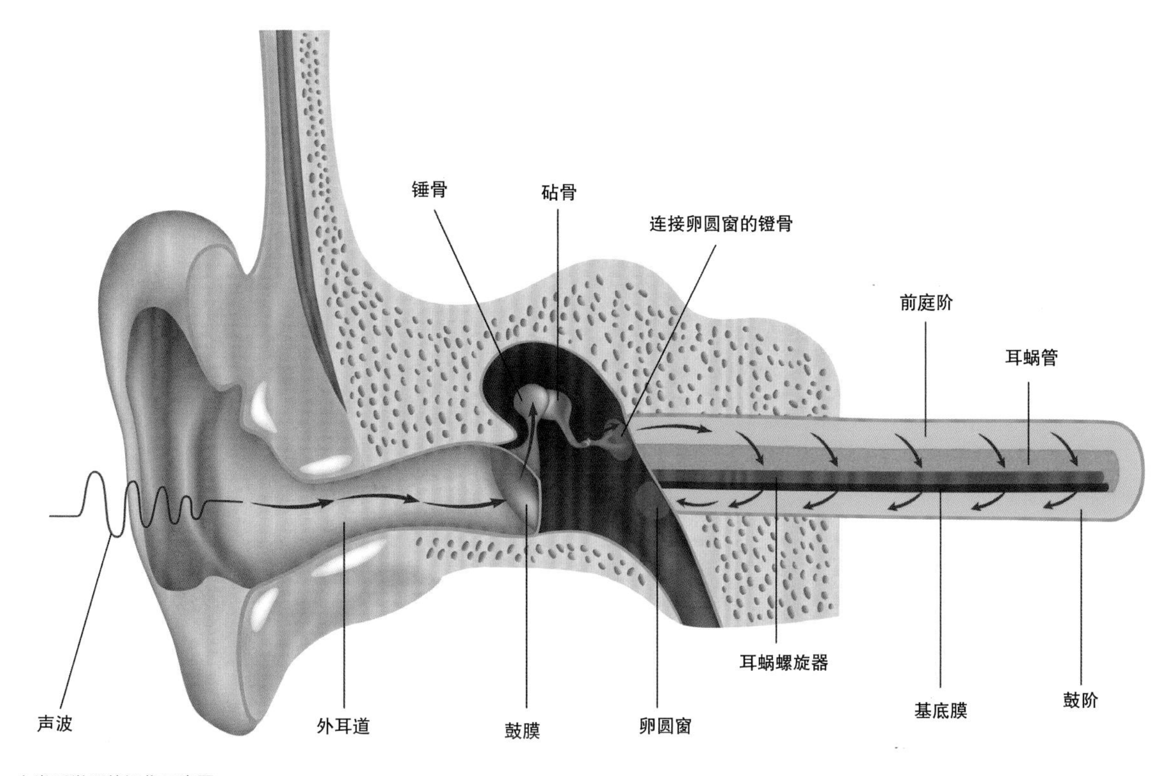


人类听觉系统运作示意图

声波经由外耳传入，振动鼓膜，并由听小骨系统将振动转换成机械能，通过卵圆窗导入内耳，再由内耳将机械能转换为神经冲动，传入大脑。

## 15.16 动物呼吸方式的演化

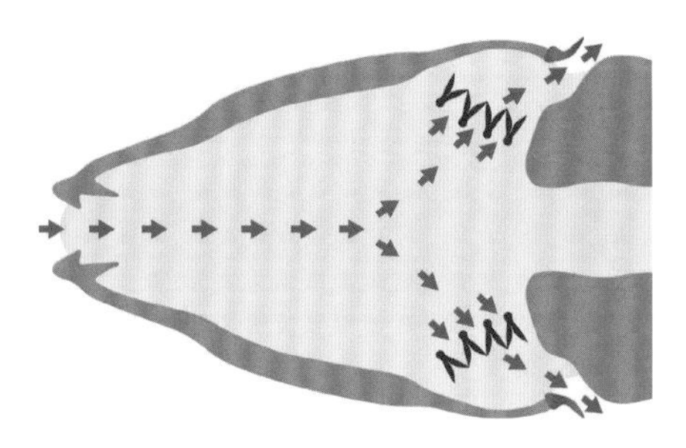

鱼类的吸入－直排式呼吸

蓝色箭头标出夹带空气的水流在鱼类体内的走向。

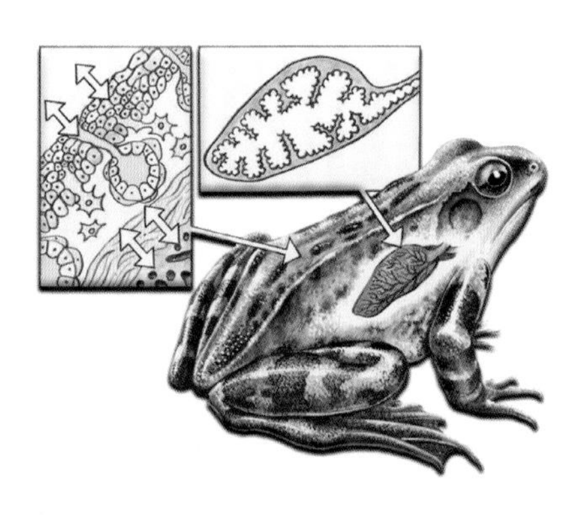

两栖类的辅助式呼吸

蛙类等两栖动物主要以肺呼吸，同时通过皮肤及口腔黏膜辅助呼吸。

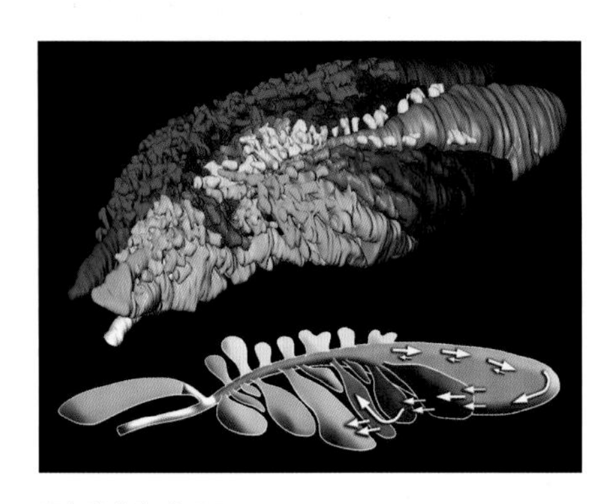

爬行类的胸式呼吸

通过巨蜥肺部的彩色CT，可观察到爬行动物的囊状肺和气流在肺部的走向。

鱼类采用吸入－直排式呼吸，水流从口吸入，从鳃孔流出，通过鳃不断进行气体交换，也就是说，流入鳃的是缺氧血液，经过气体交换后，流出鳃的就变成了富氧血液。

两栖类采用胸－肤式呼吸，幼体用鳃呼吸；成体用肺呼吸，皮肤或口腔黏膜辅助呼吸。

爬行类采用胸式呼吸，囊状肺，肺部出现分隔，无皮肤呼吸，初步出现支气管。完全用肺来呼吸，爬行动物不发育膈肌，胸腹相通，所以，主要利用胸廓的收缩与扩张进行呼吸。

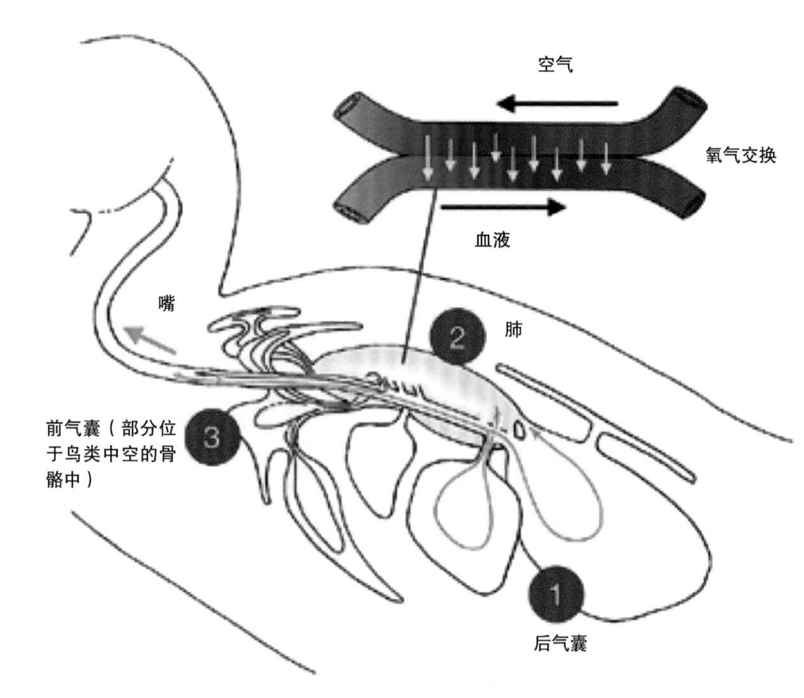


鸟类与恐龙的双重式呼吸

鸟类与恐龙具有肺－气囊双结构，两者共同作用完成呼吸。

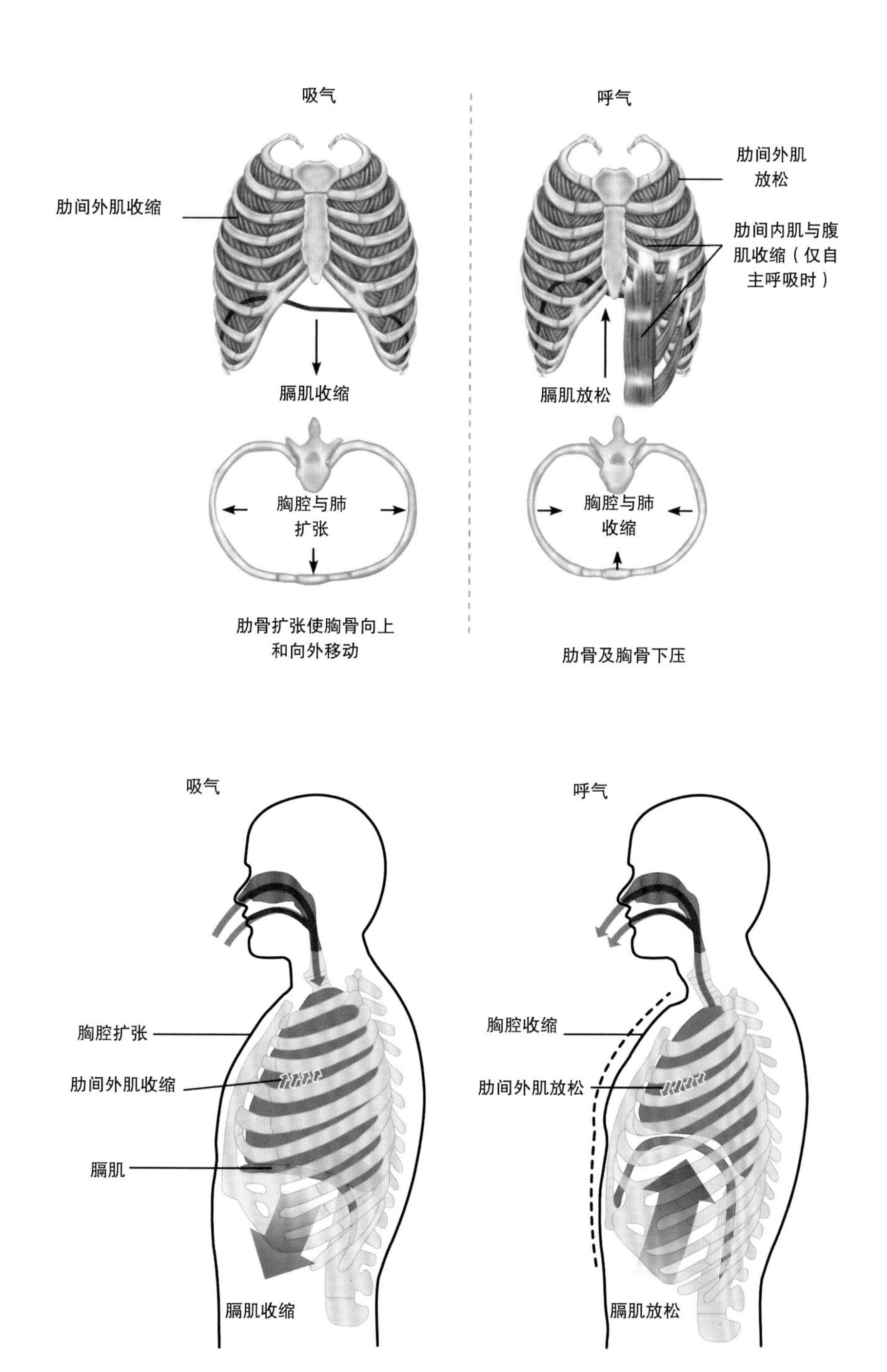


人与哺乳动物的胸腹式呼吸（上图为正视图，下图为侧视图）

哺乳类采用胸－腹式呼吸，海绵状肺，发育出膈肌（重要的呼吸肌），支气管反复分叉，支气管末端形成肺泡，呼吸系统更加完善，采用胸和腹的收缩与扩张进行呼吸。

蜥脚类恐龙采用胸－囊式呼吸，即鸟类的双重呼吸，也就是，一次呼吸，两次通过肺部进行气体交换。

鸟类是由蜥脚类恐龙演化来的，所以也采用胸－囊式呼吸，利用肺与气囊共同作用完成呼吸。飞行吸气时，一部分空气在肺内进行气体交换后进入前气囊，另一部分空气经过支气管直接进入后气囊；呼气时，前气囊中的空气直接呼出，后气囊中的空气经肺呼出，又在肺内进行气体交换。这样，在一次呼吸过程中，肺内进行了两次气体交换，故也叫做双重呼吸。鸟类在飞行时，靠上下振动翅膀进行呼吸。鸟类进化出气囊，实行“双重呼吸”，是鸟类为了适应飞翔生活的需要，鸟类在飞翔时进行双重呼吸；不飞行时，只进行胸式呼吸。

## 15.17 动物心脏结构、血液循环和体温的演化

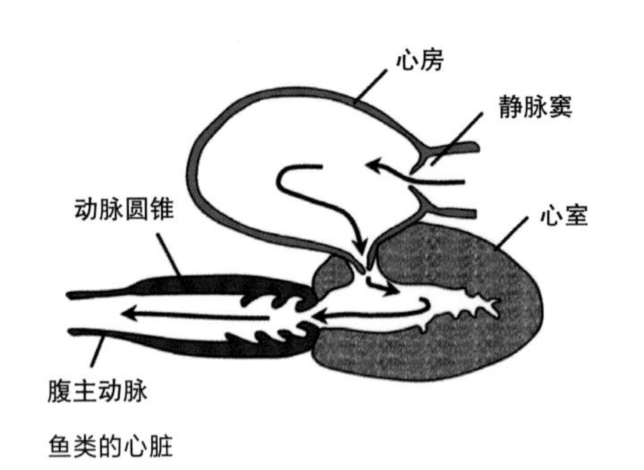

鱼类的心脏

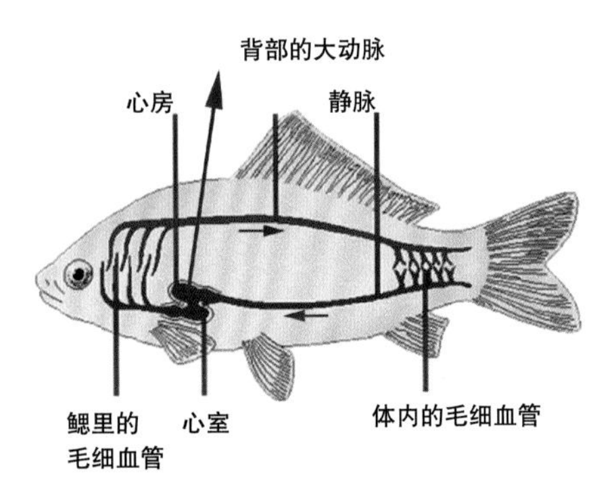


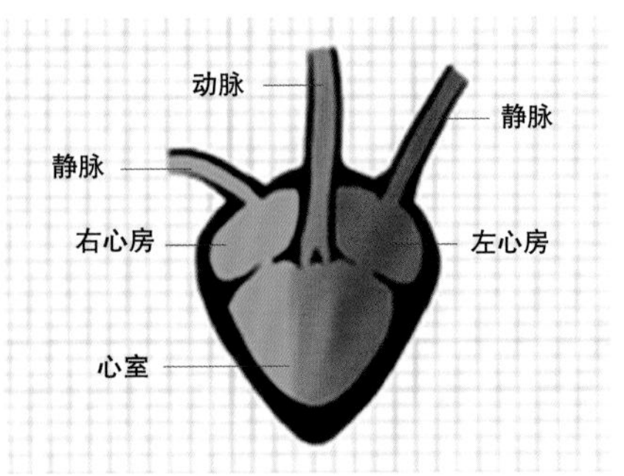

两栖动物的心脏

脊椎动物心脏的演化是，由鱼类的 2 缸型心脏到两栖动物的 3 缸型心脏、爬行动物的 3.5 缸型心脏，直到鸟儿和哺乳动物的 4 缸型心脏。

血液循环则是由鱼类的单循环到两栖类和爬行类的不完全双循环，直至鸟儿和哺乳动物的完全双循环。

体温是由鱼类、两栖类和爬行类的变温到鸟儿和哺乳动物的恒温。

### 鱼类

鱼类的心脏属 2 缸型心脏，即 1 个心房、1 个心室。

血液循环详见第七章。

### 两栖动物

两栖动物的心脏属 3 缸型心脏，2 个心房、1 个心室。血液循环包括体循环和肺循环 2 条途径。

血液循环详见第八章。

### 爬行动物

爬行动物的心脏属 3.5 缸型心脏，2 个心房、2 个心室，但 2 个心室之间有一半相互连通（鳄鱼除外）。血液循环包括体循环和肺循环 2 条途径（同两栖动物的血液循环）。血液循环详见第十二章。

## 鸟类和哺乳动物

鸟类和哺乳动物的心脏属 4 缸型心脏，即 2 个心房、2 个心室，心房与心室已经完全分隔（具左心房与左心室以及右心房与右心室）。来自体静脉的血液，经右心房，流入右心室，再挤出而由肺动脉入肺，在肺内经过气体交换，含氧丰富的血液经肺静脉回流注入左心房，再经左心室挤出送入体动脉到全身，即将有氧血与无氧血完全分离，动脉血与静脉血为完全双循环系统。

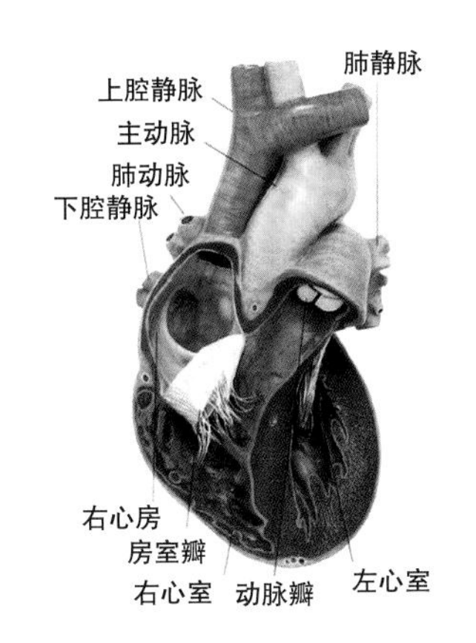


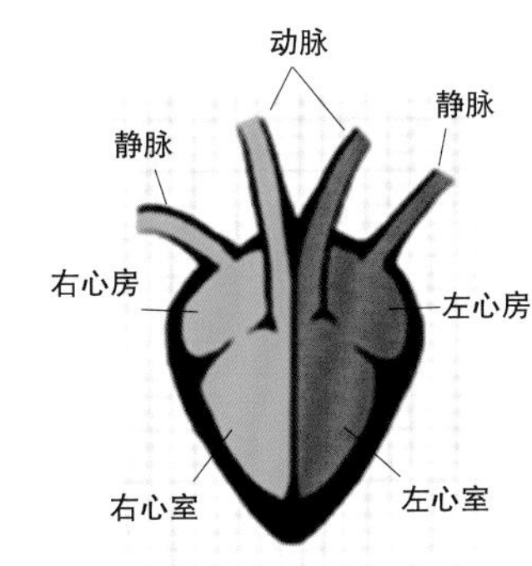


鸟类与哺乳动物的心脏

### 恒温动物与变温动物

恒温动物，也称温血动物，是指保持体温在一定范围之内，不因环境温度的变化而改变。恒温动物大脑下方有一个体温调节神经中枢，相当于自动空调机的温度控制装置（温控器）。当室温升高时，温控器让空调自动开启，降低室温，使室温保持在预定的温度；当室温接近或达到指定的温度时，空调自动停止。

比如，人就是恒温动物，体温一般在 36 ~ 37℃，当环境温度过高时，大脑下方的体温调节神经中枢就会发出指令，使人体表皮的毛细血管扩张，血流加快，毛孔张开，通过加快散热或出汗来降低体温，以保持体温恒定；当环境温度骤降时，体温调节神经中枢又发出指令，毛细血管开始收缩，血流降低，立毛肌收缩，毛发直立，使人的皮肤产生鸡皮疙瘩，避免人体热量扩散，保持体温基本不变。

所有恒温动物保持体温恒定的机制多数都是一样的。绝大多数哺乳动物，包括我们人类，几乎所有的鸟类都属于恒温动物，只不过不同的动物，体温值是不一样的，鸟儿的体温维持在 40℃ ± 2℃。

恒温动物的能量消耗大，所以恒温动物新陈代谢快，无论白天黑夜都可以捕食，运动速度快，生长速率高，寿命短，环境适应性强，为了保温，绝大多数恒温动物体表有毛发或羽毛。

变温动物，也称冷血动物，是指动物的体温随着环境温度的升高而升高，降低而降低，因为变温动物大脑下方没有体温调节神经中枢。变温动物包括所有的鱼类、两栖动物以及绝大多数的爬行动物。所以变温动物与恒温动物在许多特征上，完全不同，体温变化大，进食量少，一般只在白天捕食，新陈代谢慢，寿命较长，多数有冬眠的习惯，环境适应性弱，绝大多数体表没有毛发或羽毛，但有裸露的皮肤或鳞片，不具有外耳。

由此看出，恒温动物比变温动物较为进化，更能适应环境，是自然选择作用下，生命进化的结果。而二者的最根本的区别在于心脏缸的数量多少。

比较而言，恒温动物比变温动物更能适应环境的变化，比变温动物更适宜在极端环境下生存，例如在北极生活着北极熊，在南极洲生活着企鹅，在高海拔地区生活着藏羚羊、雪豹、牦牛等，在干旱炎热的非洲草原生活着各式各样的哺乳动物等。但在这些极端环境条件下，变温动物明显稀少。

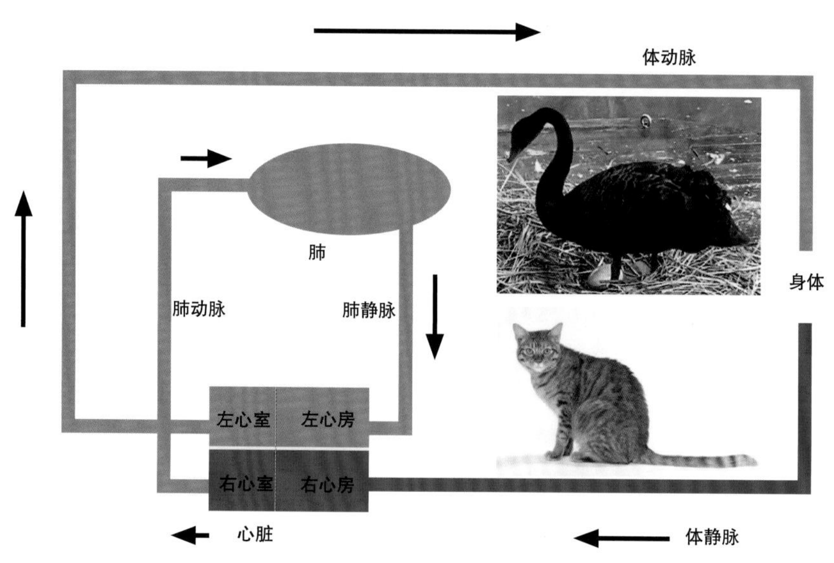


鸟类与哺乳动物心脏的血液循环系统

## 变温动物与恒温动物差异性对比

| 变温动物：鱼类、两栖和爬行动物（不含恐龙和翼龙） | | 恒温动物：哺乳动物、鸟类和人类 |
|---|---|---|
| 体　　温： | 变化大，随环境温度变化而变化 | 变化小，体温保持在恒定的区间内 |
| 调温系统： | 无 | 有（完善），体内有类似中央空调的体温控制系统，保持体温的恒定 |
| 羽毛毛发： | 无 | 有 |
| 汗　　腺： | 无 | 有 |
| 消耗能量： | 低 | 较高 |
| 觅食时间： | 白天 | 昼夜 |
| 运动速度： | 较低 | 较高 |
| 进食的量： | 相对少 | 多 |
| 冬　　眠： | 均有 | 个别有 |
| 心脏结构： | 2～3.5 腔室 | 4 个腔室 |
| 血液循环： | 单循环或不完全双循环 | 完全双循环 |
| 环境适应： | 弱 | 强 |
| 静动脉血： | 混合 | 不混合 |
| 生长速率： | 低 | 高 |
| 新陈代谢： | 慢，寿命长 | 快，寿命短 |
| 耗 氧 量： | 小 | 大 |
| 耳朵与听力（包括鸟类）： | 只有 1 块小的耳柱骨，中耳发育不完善，更不具外耳，所以听力不佳 | 具有内耳、中耳和外耳，听力好（鸟除外） |
| 牙　　齿： | 牙齿尖锐，没有分化，不具咀嚼功能 | 除鸟类无牙齿外，其他哺乳动物和人类的牙齿明显分化为门齿（切割食物）、犬齿（撕咬食物）和臼齿（磨碎食物） |

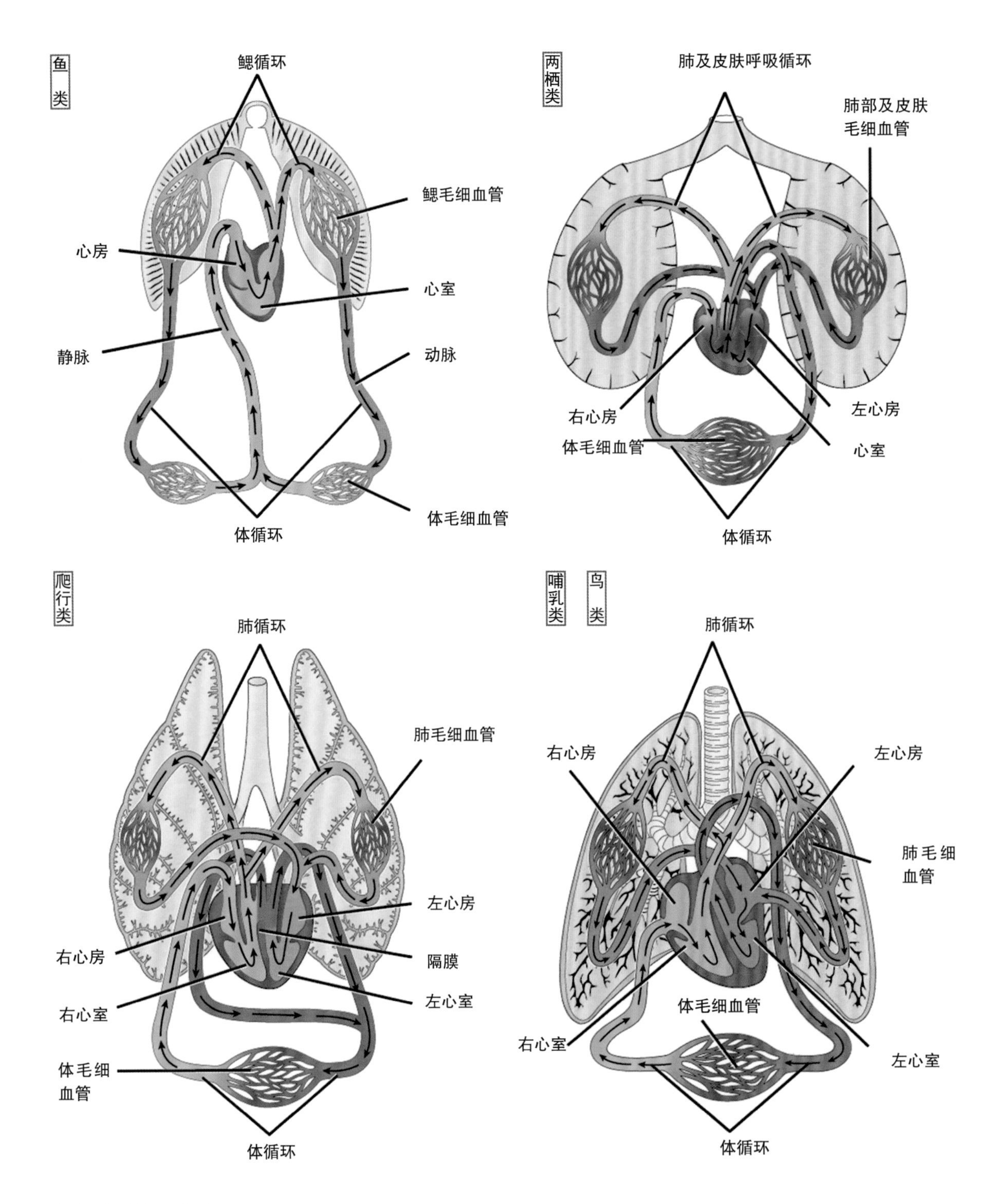


脊椎动物心脏结构与血液循环示意图

# 15.18 动物的受精与生殖演化

## 动物的雌雄之分

地球上的动植物有雌雄之分，这绝非巧合，是在自然选择的驱使下，生物进化的结果。

原始生物不分雌雄，它们繁衍的方式，自然就是无性繁殖，不经过受精，原来的生物体通过细胞分裂来完成，如所有细菌、大部分植物（红薯、土豆），以及极少数动物，如珊瑚幼虫、水螅等，是无性繁殖。无性繁殖具有更高的效率，也更为简单。

无性繁殖优点：一是生长速度快；二是能保持母体的优良特性、繁殖速率快。

无性繁殖的缺点：一是不易发生变异，适应外界环境条件差；二是繁殖数量小；三是子体的基因 100% 遗传母体，不容易有突变；四是如果发生病变，将面临种族灭绝的危险。

所以无性繁殖难以应对环境气候的变化，不利于生物的进化，而生物为了适应环境、气候的剧烈变化，在自然选择下，基因发生适应性变异，增强生物自身的适应能力，生物就从无性繁殖进化为有性繁殖。如单细胞真核动物领鞭毛虫，在相互分离状态下，为无性繁殖；当在钙黏着蛋白的作用下，聚集在一起时，就发生有性繁殖。所有有性繁殖生物都遵循一样的路径，即同一物种的雄性与雌性将二者的 DNA 结合，产生一个新的基因组，创造出“新的个体”，生产出不同的后代。二者重新组合形成新的个体，都是随机的，不定向的，只有在自然选择的作用下，适合生存和繁衍的个体（基因）才能保留下来。可以说，自然选择过程是一个优质基因的筛选过程，这样一代一代地筛选，只有那些有利于物种生存繁衍的后代才能生存下去。有性繁殖不仅可以产生更优的后代，而且造成生物的多样化。现在地球上有近千万个物种，主要就是生物有性繁殖的结果。

由此看出，有性繁殖是自然选择的必然结果，也是不断进化的。

一对正在觅食的黑天鹅“夫妻”

## 动物的受精与繁殖

### 1. 无性繁殖

无性繁殖是指生命未经过受精过程进行的自我复制，往往通过细胞分裂和生物体出芽方式产生新的后代，进行基因传递。

### 2. 有性繁殖

有性繁殖都是通过基因重组，产生新的个体，是生命进化史上生物繁殖的一次巨大飞跃，是自然选择的结果。

有性繁殖是两个基因组的重新组合，当精子与卵子结合时，每个亲代只将一半的基因传递给下一代。有性繁殖通过基因重组，产生“个体差异”，生出新的后代。在自然界中，往往身体强壮、在争夺雌性的打斗中胜出的雄性一方，才能受到雌性的青睐，与雌性交配，这就是进化论所说的性选择，性选择是一种重要的、高效的自然选择方式，能够使优良的基因传递下去，维持种群的发展，确保种群的生存繁衍。有性繁殖不仅可以使生物产生多样性，而且可以加快优良物种脱颖而出。

（1）雌雄同体受精与繁殖

雌雄同体受精与繁衍的动物，往往具有雌雄两套生殖器官，比如扁虫，这类动物既可以作为雄性进行授精，也可以作为雌性被受精。往往身体强壮的扁虫，愿意充当“父亲”，强迫身体弱小的扁虫受精。

（2）雌雄异体，体外受精与繁殖

除软骨鱼类外，硬骨鱼类都是进行体外受精与繁殖，雌鱼与雄鱼不经过身体接触，雌鱼先把卵子排到水里，雄鱼随后将精子排到卵子上，精子与卵子在水中结合形成受精卵，受精卵犹如一簇簇透明的胶状物，在水中孵化，形成鱼苗。

（3）雌雄抱团，体外受精与繁殖

除蝾螈是体内受精外，几乎所有的两栖动物都是雌雄抱团体外受精，如青蛙等。雄性青蛙抱住雌性青蛙，是为了刺激雌性青蛙排卵，雌性青蛙将卵子排出体外，雄性青蛙将精子排到水中，与卵子结合形成受精卵，受精卵在水里孵化成蝌蚪。

（4）雌雄抱团，体内受精与繁殖

爬行动物、恐龙和鸟类，无论雌雄，都没有分开的肛门、尿道和产道，而是三者融为一个泄殖腔，且都是抱团体内受精。因为雄性爬行动物、恐龙和鸟类都没有生殖器，雄性抱住雌性，雌雄泄殖腔开口对接，雄性将精子排入雌性泄殖腔内，在雌性体内形成受精卵，当受精卵发育成熟后，排出体外，俗称蛋，学名叫羊膜卵。爬行动物的羊膜卵经过自然孵化，鸟类通过母体孵化，孵化后的羊膜卵，幼体往往自己破壳而出。

（5）孵化温度决定爬行动物的雌雄

研究证明，爬行动物的性别决定机制主要有性染色体决定性别和温度决定性别两种类型，但两种性别决定机制在同一种龟类中是不能共存的。

目前，大多数的龟类都属于低温孵出雄性，高温孵出雌性的温度决定性别类型。这种性别决定机制主要作用于龟类的胚胎发育时期，并不对整个胚胎发育期都起作用，仅在胚胎发育的一段时期对性别起决定作用。如乌龟在 20 ~ 27℃的低温孵出的稚龟全为雄性，30 ~ 35℃的高温孵出的稚龟全为雌性。

水螅经常以出芽生殖进行无性繁殖

扁虫是雌雄同体的动物

鱼的受精卵

受精卵孵化后的小鱼苗

正在抱团授精的龟

正在抱团授精的麻雀

正在产蛋的龟

正在孵化的鸟卵

正在孵化出壳的小龟

龟由于不具有性染色体，所以性别由孵化温度决定。

已经孵化出的雏鸟

正在抱团受精的蛙

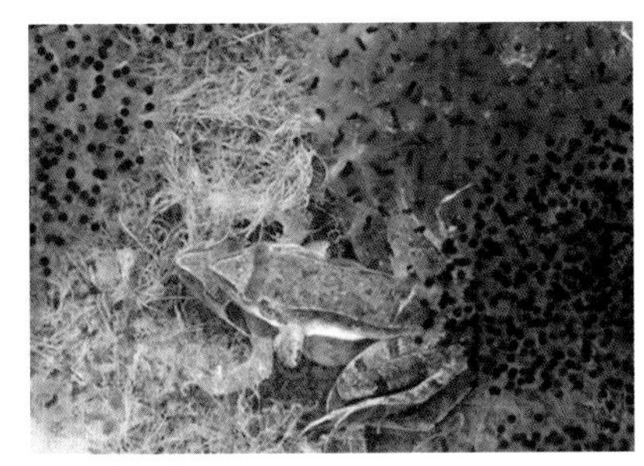

正在产卵的蛙

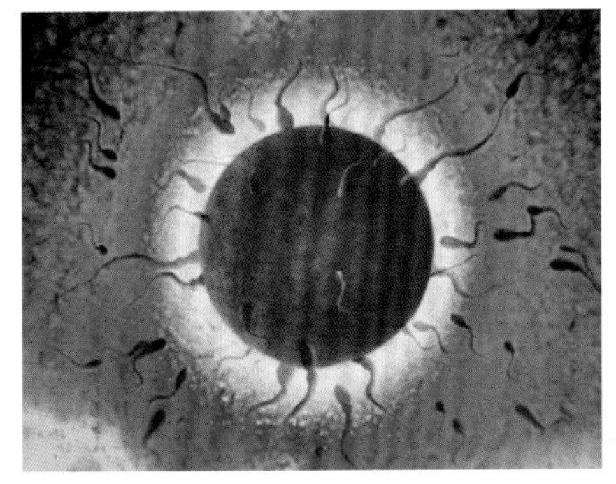

精子与卵子结合的完美瞬间

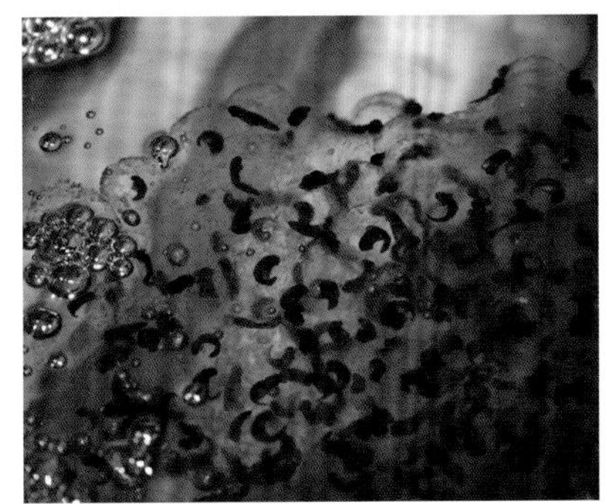

小蝌蚪正在破卵而出

### 3. 交配受精与繁殖

胎盘哺乳动物的雄性有明显的生殖器，即阴茎，而雌性产道与尿道合二为一，雌雄哺乳动物通过交配受精，即雄性生殖器（阴茎）进入雌性产道内，精子与卵子在体内结合形成受精卵，受精卵在子宫内分裂形成胚胎，发育成幼体，通过产道排出体外。

（1）哺乳动物的受精与繁殖

猫科动物交配对于雌性猫科动物是十分痛苦的，不是因为雄性的撕咬，而是因为雄性猫科动物阴茎上长满了密密麻麻的小钩（如雄虎阴茎上长有 100 多根小钩，每根约 1 厘米长）。这些小钩的成分是角蛋白，犹如坚韧的指甲和爪子。小钩具备两项功能，一是小钩可刮下其他雄性先前交配时遗留下的精子（只希望雌性猫科动物怀上自己的孩子）；二是还能催促雌性猫科动物排卵。小钩刮擦阴道时造成的痛楚可刺激雌性猫科动物的脑部分泌一种特殊物质催促卵巢内的卵子成熟，至少交配四次，这种荷尔蒙的浓度才会高到使卵子完全成熟，才能更有机会孕育新生命。尽管交配过程十分痛苦，但是猫科动物为了繁衍子孙后代，大多数的性事

正在交配的老虎

正在交配的狮子

交配受精后，怀孕的雌狮

生产后的幼狮

依然很活跃。

（2）灵长类的受精与繁殖

类人猿的阴道与尿道是分开的，雄性排入阴道的精子与雌性的卵子结合形成受精卵，受精卵在子宫内分裂形成胚胎，并发育成胎儿，通过分娩产出体外。

正在交配的倭黑猩猩

幼小的倭黑猩猩

# 主要
# 参考文献


陈均远等著，澄江生物群：寒武纪大爆发的见证，中国台北：国立自然科学博物馆，1996 年

侯连海主编，中国古鸟类 . 昆明：云南科技出版社，2002 年

侯先光等著，澄江动物群：5.3 亿年前的海洋动物，昆明：云南科技出版社，1999 年

季强主编，腾飞之龙——中国长羽毛恐龙与鸟类起源，北京：地质出版社，2016 年

李凤麟等著，恐龙的时代，北京：地质出版社，2000 年

李全国等著，恐龙的本家，北京：地质出版社，2000 年

戎嘉余，周忠和主编，生命的起源与演化（视频），北京：中央广播电视大学音像出版社，2018 年

戎嘉余主编，袁训来，詹仁斌，邓涛副主编，生物演化与环境，合肥：中国科学技术大学出版社，2018 年

舒德干团队著，寒武大爆发时的人类远祖，西安：西北大学出版社，2016 年

王立铭著，生命是什么，北京：人民邮电出版社，2018 年

王原，葛旭，邢路达等编著，听化石的故事，北京：科学普及出版社，2018 年

王章俊主编，热河生物群，北京：地质出版社，2017 年

王章俊主编，罗平、关岭生物群，北京：地质出版社，2017 年

朱钦士著，上帝造人有多难，北京：清华大学出版社，2015 年

朱钦士著，生命通史，北京：北京大学出版社，2019 年

[比] 克里斯蒂安 · 德迪夫著，生机勃勃的尘埃——地球生命的起源和进化，王玉山等译，上海：上海科技教育出版有限公司，2019 年

[法] 帕特里克 · 德韦弗 著，地球之美，秦淑娟等译，北京：新星出版社，2017 年

[美] 爱德华 · 威尔逊著，缤纷的生命，金恒镳译，北京：中信出版社，2016 年

[美] 比尔 · 布莱森著，万物简史，严维明等译，南宁：接力出版社，2005 年

[美] 大卫 · 克里斯蒂安著，极简人类史：从宇宙大爆炸到 21 世纪，王睿

译，北京：中信出版社，2016 年

［美］迈克尔 · 艾伦 · 帕克著，生物的进化，陈素真译，济南：山东画报出版社，2014 年

［美］B. 艾伯茨 D. 布雷等著，细胞生物学精要，丁小燕等译，北京：科学出版社，2012 年

［美］D.J. 弗图摩著，生物进化，艾宇熙等译，北京：高等教育出版社，2016 年

［美］大卫 · 赖克著，人类起源的故事，叶凯雄等译，杭州：浙江人民出版社，2019 年

［美］尼尔斯 · 艾崔奇著，灭绝与演化，董丽萍等译，北京：北京联合出版公司，2018 年

［美］贾雷德 · 戴蒙德著，丽贝卡 · 斯黛芙奥夫改编，第三种黑猩猩：人类的身世与未来（简明版），金阳译，北京：中信出版集团有限公司，2016 年

［美］J. 贝内特，S. 肖斯塔克著，宇宙中的生命，霍雷译，北京：机械工业出版社，2016 年

［美］尼古拉斯 · 韦德著，黎明之前：基因技术颠覆人类进化史，陈华译，北京：电子工业出版社，2015 年

［美］史蒂文 · 古布泽，弗兰斯 · 比勒陀利乌斯著，黑洞之书，苟利军等译，北京：中信出版集团，2018 年

［美］史蒂文 · 温伯格著，最初三分钟：关于宇宙起源的现代观点，王丽译，重庆：重庆大学出版社，2015 年

［美］斯宾塞 · 考韦尔斯 著，出非洲记：人类祖先的迁徙史诗，杜红译，北京：东方出版社，2004 年

［美］悉达多 · 穆克吉著，基因传，马向涛译，北京：中信出版集团股份有限公司，2018 年

［美］辛西娅 · 斯托克斯 · 布朗 著，大历史，小世界：从大爆炸到你，徐彬彬，于秀秀等译，北京：中信出版集团，2017 年

［美］约翰 · 布罗克曼著，生命：进化生物学、遗传学、人类学和环境科学的黎明，黄小骑译，杭州：浙江人民出版社，2017 年

［英］布莱恩 · 考斯特，安德鲁 · 科恩著，生命的奇迹，闻菲译，北京：人民邮电出版社，2014 年

［英］布莱恩 · 考斯特，安德鲁 · 科恩著，宇宙的奇迹，李剑龙等译，北京：人民邮电出版社，2014 年

［英］查尔斯 · 达尔文著，人类的由来，文舒编译 . 北京：商务印书馆，

1983 年

［英］查尔斯 · 达尔文著，物种起源，附：进化论的十大猜想，舒德干等译，北京：北京大学出版社，2018 年

［英］理查德 · 道金斯著，自私的基因，卢允中等译，北京：中信出版集团有限公司，2012 年

［英］理查德 · 道金斯，黄可仁著，祖先的故事，徐师明等译，北京：中信出版集团，2019 年

［英］理查德. 福提著，生命简史：地球生命 40 亿年的演化传奇，高环宇译，北京：中信出版集团，2018 年

［英］克里斯 · 斯特林格，彼得 · 安德鲁著，人类通史，王传超等校译，北京：北京大学出版社，2017 年

［英］克里斯托弗 · 波特著，我们人类的宇宙：138 亿年的演化史诗，曹月，包慧琦译，北京：中信出版集团，2017 年

［英］M.J. 本顿著，古脊椎动物学（第四版），董为译，北京：科学出版社，2017 年

［英］内莎 · 凯里著，遗传的革命，贾乙等译，重庆：重庆出版集团，重庆出版社，2016 年

［英］N.H. 巴顿，D.E.G. 布里格斯等著，进化，宿兵等译，北京：科学出版社，2010 年

［英］N. 莱恩著，生命的跃升——40 亿年演化史上的十大发明，张博然译，北京：科学出版社，2016 年

［英］史蒂芬 · 霍金著，时间简史，许明贤等译，长沙：湖南科学技术出版社，2014 年

［英］亚当 · 卢瑟福 著，我们人类的基因：全人类的历史与未来，严匡正，庄晨晨等译，北京：中信出版集团，2017 年

［英］亚历山大 · H · 哈考特 著，我们人类的进化：从走出非洲到主宰地球，李虎，谢庶洁译，北京：中信出版集团，2015 年

［英］约翰 · 翰兹著，宇宙简史：从宇宙诞生到人类文明，李海宁等译，北京：机械工业出版社，2017 年

［以色列］尤瓦尔 · 赫拉利著，人类简史：从动物到上帝，林俊宏译，北京：中信出版社，2014 年

# 后记

生命的本质在于自我复制，

生命的目的在于生存繁衍；

生命的进化在于基因突变，

生命的意义在于基因传递。

世间万物，最伟大的莫过于生命。遗传变异，生生不息。它是一个过程，包括发生、发展、衰老到死亡。生命是一顶奇迹的皇冠，而智慧就是这顶皇冠上的宝石。

每个生命都是一个不朽的传奇，每个传奇背后都有一个精彩的故事。

散发着浓郁墨香的《生命进化史》三部曲，终于出版，与读者见面了。

在付梓之前，总觉得意犹未尽，所以再补充几句，权当后记。

前言中已经感谢了对我编撰本套图书提供过帮助的恩师，以及许许多多给我支持和鼓励的人，有家人，有同事，有朋友，还有许许多多听过我讲座的科学热爱者，包括孩子们的妈妈。他们的鼓励，他们的意见建议，甚至是他们的一句夸赞，都令我激动不已，备受鼓舞，故宵衣旰食，而不敢有丝毫懈怠。

《生命进化史》三部曲是在我两年前出版的《生命进化简史》的基础之上，做了大篇幅的增补修订与完善，并以三部曲的形式出版。本套三部曲与几年前出版的两本书有明显的不同，既展示了生命的进化历史，又阐述了生命进化的内在机制，不仅回答了生命是怎么进化的，同时也告诉读者生命为什么会这样进化。回答了为什么地球上会出现人类，为什么现在黑猩猩不能进化成人等众多令读者感到困惑的问题。读者阅读本套图书后，可以对生命的真相既知其然，又知其所以然。

本书讲述了宇宙138亿年的演化历史，又着重介绍了40亿年生命的进化历程，引用了自然科学中各个学科的研究成果、理论观点、思想方法等，包括了百余年来国际上天文学、地质学、生物学等自然科学的最新研究，特别是我国近三四十年来古生物的最新发现、最新成果。

书中介绍的思想观点，都是目前国际上学术界广为流传的主流观点，并不代表是最终的观点，绝对的正确。自然科学是一个探索发现、追根溯源、揭示真相的过程，需要人们不断地发现与不断地探究，从来没有终点，后来的发现与研究往往是对先前的修改补充与完善，甚至是推翻重建。

在这里，我要向自然科学的先驱者、奠基者，以及千千万万的科学工作者，致以最崇高的敬意。科学研究需要孜孜不倦，一丝不苟；科学传播需要系统表述，准确通俗。科学研究是源泉，是根本；科学传播是流水，是枝叶。进行科学传播永远不能忘记那些为科学做出过杰出贡献的科学家，以及为科学探究默默奉献的科学工作者。

由于篇幅所限，本套图书不可能对涉及的学术思想、学术观点进行逐一阐述，敬请读者和各位专家予以原谅！

本套图书倾注了作者十余年的心血，参考阅读了海量的国内外文献，顺着宇宙与生命演化脉络，从奇点出发，循序渐进，逐次开展，从无机界到有机界，几乎涵盖了整个自然科学的方方面面，书中难免有错漏或不当之处，恳请不吝指教，定当感激涕零。

作者：王章俊

2018 年 11 月 7 日

2019 年 10 月 21 日修改

邮箱：1144850934@qq.com